普通高等教育“十四五”规划教材

机电液控制系列丛书

油气产业机器人概论

郭岩宝　张　政　主编

中国石化出版社

内 容 提 要

本书介绍了目前在油气行业中发挥着重要作用的油气机器人。全书油气领域分为上游、中游和下游三个部分，分别讲述了油气资源的开采、处理、运输等流程。根据所列举的行业标准，介绍了在各个领域中使用的机器人。本书可作为高等院校石油相关专业学生的教科书及从事油气行业相关工作人员的工具书，也可作为科普用书面向对石油行业感兴趣的日常大众。

图书在版编目(CIP)数据

油气产业机器人概论 / 郭岩宝，张政主编 . —北京：中国石化出版社，2023.8
普通高等教育“十四五”规划教材
ISBN 978-7-5114-7160-4

Ⅰ. ①油… Ⅱ. ①郭… ②张… Ⅲ. ①石油工业-工业机器人-高等学校-教材②天然气工业-工业机器人-高等学校-教材 Ⅳ. ①TP242.2

中国国家版本馆 CIP 数据核字(2023)第 147736 号

中国石化出版社出版发行
地址：北京市东城区安定门外大街 58 号
邮编：100011　电话：(010)57512500
发行部电话：(010)57512575
http://www.sinopec-press.com
E-mail：press@sinopec.com
北京富泰印刷有限责任公司印刷
全国各地新华书店经销
*
710 毫米×1000 毫米 16 开本 9 印张 146 千字
2023 年 9 月第 1 版　2023 年 9 月第 1 次印刷
定价：36.00 元

前　言 Preface

机器人可代替或协助人类完成各种工作，凡是枯燥的、危险的、有毒的、有害的工作，都可由机器人大显身手。机器人除了广泛应用于制造业领域外，还应用于资源勘探开发、救灾排险、医疗服务、家庭娱乐、军事和航天等其他领域。机器人是工业及非产业界的重要生产和服务性设备，也是先进制造技术领域不可缺少的自动化设备。

针对当前国家与社会对发展机器人的实际需求，考虑到大学授课课时精简且质量提高的实际情况，特此编写了这本油气产业机器人的概论类教材。本教材面向的是普通高等院校理工科的学生以及涉及机器人相关技术的企业员工等，适用于机械类、油气类、电子类等专业。

从历史上最早的机器人——隋炀帝命工匠按照柳抃形象所创造的木偶机器人，到现代科幻小说和电影中的机器人战警，人类始终延续着一个美丽的梦想：“制造一种像人一样的智能的机器，代替人完成各种工作，乃至最终成为人类不可或缺的伙伴和朋友！”对这一梦想的追求，始终激励着世界各国一代又一代能工巧匠、技术人员和科学家们不懈探索和努力，渴望将美丽的梦想转化为现实的生活。

作为数字经济时代最具标志性的工具，机器人已成为衡量一个国家创新能力和产业竞争力的重要标志。中国将机器人纳入国家科技创新的优先重点领域，特别是将能源行业纳入加快推进机器人应用拓展的重要领域，提出要研制能源基础设施建设、巡检、操作、维护、应急处置等机器人产品，推进机器人与能源领域深度融合，助力构建现代化能源体系。在全球油气行业，机器人的研发、应用备受关注。油气产业机器人将涵盖全产业链，从上游的勘探开发，到中游的炼化储运，再到下游的销售服务，成为石油和天然气行业的增长引擎。同时，在油气产业数字化转型和智能化发展的过程中，亟须培养“油气+人工智能”的复合型人才，推动机器人技术在油气行业领域的应用和发展。

本书主要介绍了在油气行业领域中所使用的机器人及其特征，共五章，分别介绍了在油气行业的上游、中游和下游机器人的类型。在编写过程中，本书参考并引用了大量有关机器人方面的论著、资料，同时也有许多同事、学生参与到了编撰工作中来，书中部分插图来自互联网，由于篇幅有限，不能在文中一一列举出处，在此一并对其作者致以衷心的感谢。

本教材虽几经修改，但由于编者能力所限，书中难免存在不妥之处，敬请各位专家和广大读者批评指正。

编者

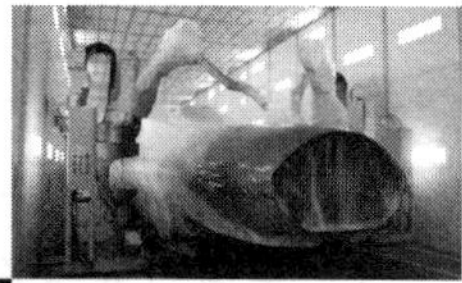

目 录 Contents

1.1　机器人的定义、分类

1.1.1　机器人的定义

机器人的定义一直没有一个明确的答案。原因之一是机器人还在发展，其新机型、新功能在不断涌现。美国的机器人工业协会对机器人的定义为："机器人是一种用于移动各种材料、零件、工具或专用装置，通过可编程动作来执行各种任务，并具有编程能力的多功能操作机。"日本工业机器人协会对机器人的定义为："机器人是一种带有记忆装置和末端执行器的、能够通过自动化的动作而代替人类劳动的通用机器[1]。"我国对机器人的定义为："机器人是一种自动化的机器，所不同的是这种机器具备一些与人或生物相似的智能能力，如感知能力、规划能力、动作能力和协同能力，是一种具有高度灵活性的自动化机器。可以辅助甚至替代人类完成危险、繁重、复杂的工作，提高工作效率与质量，服务人类生活，扩大或延伸人的活动及能力范围[1]。"

1.1.2　机器人的分类

关于机器人的分类，国际上没有制定统一的标准，从不同的角度可以有不同的分类。

1.1.2.1　按发展阶段分类

1）第一代机器人：示教再现型机器人。这种机器人通过一个计算机，来控制一个多自由度的机械，通过示教存储程序和信息，工作时把信息读取出来，然后发出指令，这样机器人可以重复地根据人当时示教的结果，再现出这种动作。比方说汽车行业的点焊机器人，它只要把这个点焊的过程示教完以后，就总是重复这样一种工作。

2）第二代机器人：感觉型机器人。这种机器人拥有类似人在某种功能的感觉，如力觉、触觉、滑觉、视觉、听觉等，它能够通过感觉来感受和识别工件的形状、大小、颜色。

3）第三代机器人：智能型机器人。这种机器人带有多种传感器，可以进行复杂的逻辑推理、判断及决策，在变化的内部状态与外部环境中，自主决定自身的行为。

1.1.2.2 按控制方式分类

1）操作型机器人：能自动控制，可重复编程，多功能，有几个自由度，可固定或运动，用于相关自动化系统中。

2）程控型机器人：按预先要求的顺序及条件，依次控制机器人的机械动作。

3）示教再现型机器人：通过引导或其他方式，先教会机器人动作，输入工作程序，机器人则自动重复进行作业。

4）数控型机器人：不必使机器人动作，通过数值、语言等对机器人进行示教，机器人根据示教后的信息进行作业。

5）感觉控制型机器人：利用传感器获取的信息控制机器人的动作。

6）适应控制型机器人：机器人能适应环境的变化，控制其自身的行动。

7）学习控制型机器人：机器人能“体会”工作的经验，具有一定的学习功能，并将所“学”的经验用于工作中。

8）智能机器人：以人工智能决定其行动的机器人。

1.1.2.3 按运动形式分类

1）直角坐标型机器人：这种机器人的外形轮廓与数控镗铣床或三坐标测量机相似。3 个关节都是移动关节，关节轴线相互垂直，相当于笛卡尔坐标系的 x 轴、y 轴和 z 轴，其模型如图 1-1 所示。

2）圆柱坐标型机器人：这种机器人以 θ、z 和 r 为参数构成坐标系。手腕参考点的位置可表示为 $P=f(\theta, z, r)$。其中，r 是手臂的径向长度，θ 是手臂绕水平轴的角位移，z 是在垂直轴上的高度。如果 r 不变，操作臂的运动将形成一个圆柱表面，空间定位比较直观，其模型如图 1-2 所示。

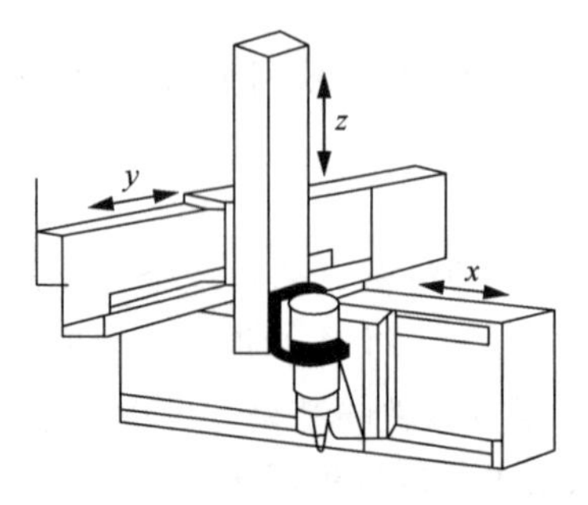

图 1-1 直角坐标型机器人

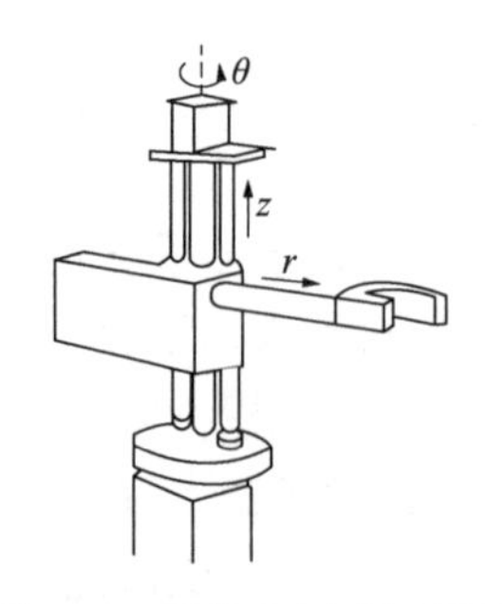

图 1-2 圆柱坐标型机器人

3）球(极)坐标型机器人：这种机器人以 θ、φ、r 为坐标，任意点可表示为 $P=f(\theta,\ \varphi,\ r)$，腕部参考点运动所形成的最大轨迹表面是半径为 r 的球面的一部分，其模型如图 1-3 所示。

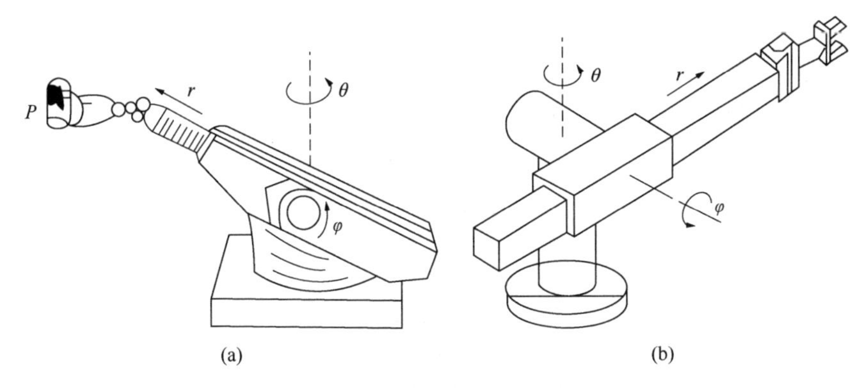

图 1-3　球(极)坐标型机器人

4）平面双关节型机器人：这种机器人有 3 个旋转关节，其轴线相互平行，在平面内进行定位和定向，另一个关节是移动关节，用于完成末端件垂直于平面的运动。手腕参考点的位置是由两旋转关节的角位移 φ_1、φ_2 和移动关节的位移 z 决定的，即 $P=f(\varphi_1,\ \varphi_2,\ z)$，其模型如图 1-4 所示。

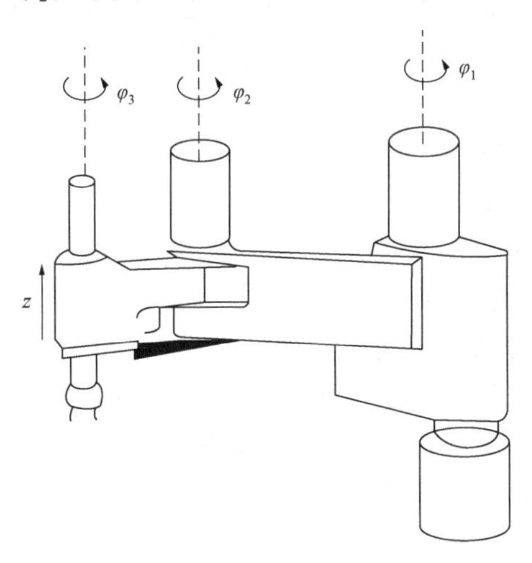

图 1-4　平面双关节型机器人

5）关节型机器人：这类机器人由 2 个肩关节和 1 个肘关节进行定位，由 2 个或 3 个腕关节进行定向。其中，一个肩关节绕铅直轴旋转，另一个肩关节实现俯仰，这两个肩关节轴线正交，肘关节平行于第二个肩关节轴线，其模型如图 1-5 所示。

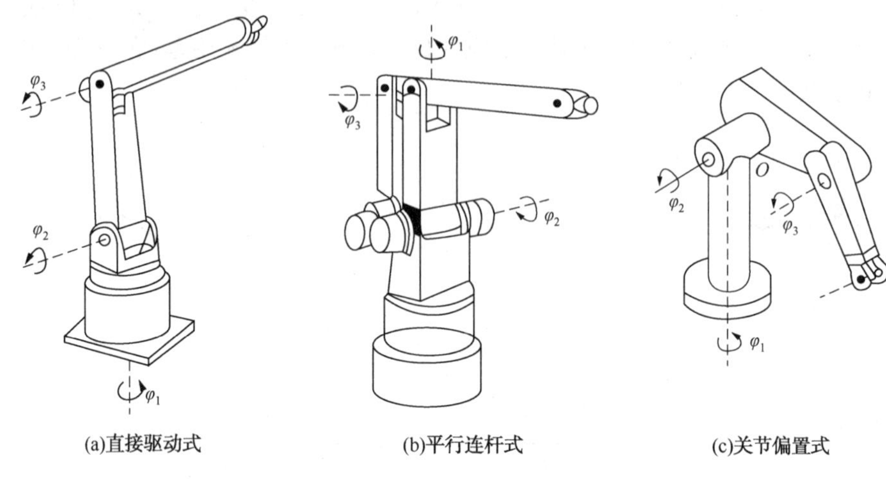

图 1-5　关节型机器人

1.1.2.4　按应用环境分类

目前，国际上的机器人学者，从应用环境出发将机器人分为两类：制造环境下的工业机器人和非制造环境下的服务与仿人型机器人。

我国的机器人专家从应用环境出发，将机器人也分为两大类，即工业机器人和特种机器人。工业机器人是指面向工业领域的多关节机械手或多自由度机器人。特种机器人则是除工业机器人之外的、用于非制造业并服务于人类的各种先进机器人。

1.1.2.5　按移动性分类

可分为半移动式机器人(机器人整体固定在某个位置，只有部分可以运动，例如机械手)和移动式机器人(具有移动功能，能自主规划、自行组织、自适应，适合于在复杂的非结构化环境中工作)。

1.1.2.6　按机器人的移动方式分类

可分为轮式移动机器人、步行移动机器人(单腿式、双腿式和多腿式)、履带式移动机器人、爬行机器人、蠕动式机器人和游动式机器人等类型。

1.1.2.7　按机器人的功能和用途分类

可分为医疗机器人、军用机器人、海洋机器人、助残机器人、清洁机器人和管道检测机器人等。

1.1.2.8　按机器人的作业空间分类

可分为陆地室内移动机器人、陆地室外移动机器人、水下机器人、无人飞机和空间机器人等。

1.2 机器人的发展概况

1.2.1 国际情况

自古以来中外的能工巧匠都致力于做各种精巧的机器来代替人完成各种工作，体现了人类长期以来用机器代替人类的一种愿望。而近代机器人的出现可以追溯到20世纪40年代。第一，当时随着核技术的发展，为了处理、搬运及装载放射性材料出现了各种各样的遥控机械手(或称操作器)，能像人手一样灵活地进行各种作业，它为近代机器人的出现奠定了机构设计的基础。第二，是电子计算机及磁性存储控制器的出现，为机器人的控制打下了基础。1951年美国麻省理工学院开发出了第一代数控铣床，从而开辟了机械与电子相结合的新纪元，可见20世纪40年代、20世纪50年代初的技术进步已为机器人的出现准备了必要的技术条件。1954年，最早发明磁性存储控制器的美国人G. 第伏尔研制成功了世界上第一台可编程序机器人，它具有记忆功能，能实现示教再现的编程方式，实行点到点的反馈控制，这是世界上首次获得专利的第一台机器人。1960年美国联合内燃机公司买下了G. 第伏尔的专利，成立了Unimation公司，生产出第一批如图1-6所示的商用工业机器人，称为Unimate。

不久H. 约翰逊等人为美国机床铸造公司设计出另一种如图1-7所示的可编程序的工业机器人，称为Versatran。

图1-6　商用工业机器人

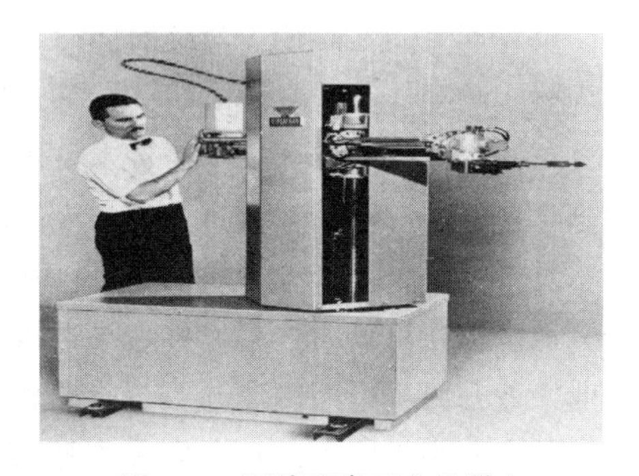

图1-7　可编程序工业机器人

这是世界上两种最早、最有名的机器人，也是至今仍在应用中的工业机器人。接着美国麻省理工学院、斯坦福国际研究所、斯坦福大学等相继成立了机器人和人工智能研究室，开展了有关机器人领域各分支的极为广泛的研究。至20世纪60年代末，达到了一个高潮[2]。

日本在20世纪60年代末处于经济高度发展时期，年增长率高达12%，高速发展的结果带来了劳动力的严重不足。当时美国机器人正进入宣传的高潮，日本产业界接过来把机器人作为解决劳动力不足的一项革命性措施加以鼓吹。

随着第一批工业机器人商品的投入使用，结果发现事与愿违。当时生产出的机器人性能差、可靠性低、精度低、动作速度也远不及人，一般仅能适应做搬运工作，使用后往往不能提高生产率；由于机器人本体重量大、占地面积大，采用机器人往往要改变设备布局及设计专用的辅机等；单台价格昂贵，一台Unimate机器人售价差不多等于十多个人的年工资，因此生产出的机器人竟难以找到市场及用户。为了使机器人产业稳步发展，1973年日本以米本完二为首的一批人士发起成立了日本产业用机器人协会，将研究课题由过去盲目追求高性能、高指标的所谓通用性的多功能机器人，转向廉价的、简易机器人的研制。与此同时，各制造厂在原有的基础上着手开发各具特色的作业型机器人，例如，川崎重工业公司与丰田汽车厂合作开发点焊机器人，如图1-8所示。

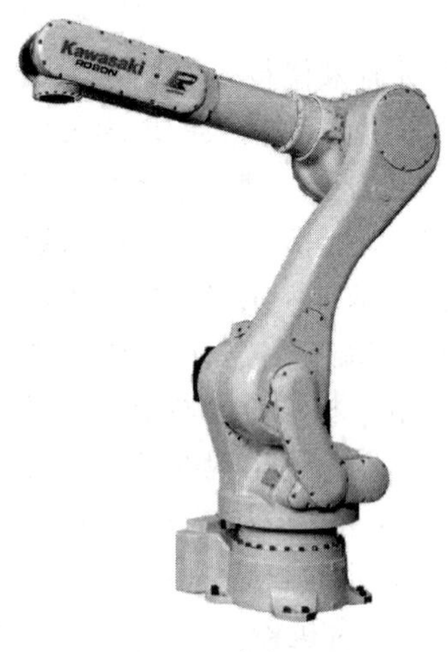

图1-8　点焊机器人

为了开拓市场，各大制造商都在自己的工厂内组织示范性应用，通过各种努力逐步实现了系列化、标准化、专业化分工等，使机器人精度、可靠性进一步提高，价格逐年下降。特别是微处理机出现后，机器人的控制系统出现了质的飞跃。可靠性方面，平均无故障时间已达一万小时，这样就为机器人的普及奠定了极为坚实的社会经济基础[2]。

至20世纪70年代末，受日本应用成功的影响，机器人的发展在世界范围内得到了各国的重视，开始进入第二次高潮，每年递增率高达25%以上[2]。

21世纪以来，世界各工业强国均将机器人列为优先发展的产业技术。我国台湾地区提出机器人技术发展三步走战略，短期重点聚焦制造业机器人、促进制造业产业升级，中期侧重环保节能理念，重点发展LED与PV(太阳能光电)等新兴绿色产业用机器人，长期侧重人性需求，重点发展医疗与观光服务业机器人。机器人已从早期的工业机器人发展为种类繁多的现代工业机器人、特种机器人和服务机器人，图1-9所示为各种新型机器人。

虽然工业机器人已广泛应用于各大门类工业领域，但主要在结构化环境中执行各类确定性任务，面临着操作灵活性不足、在线感知实时作业能力弱等问题；服务机器人是应对未来全球人口老龄化趋势加剧的核心手段，存在无法接受抽象指令、难与人有效沟通、人机协调合作能力不足、安全机制欠缺等问题；特种机

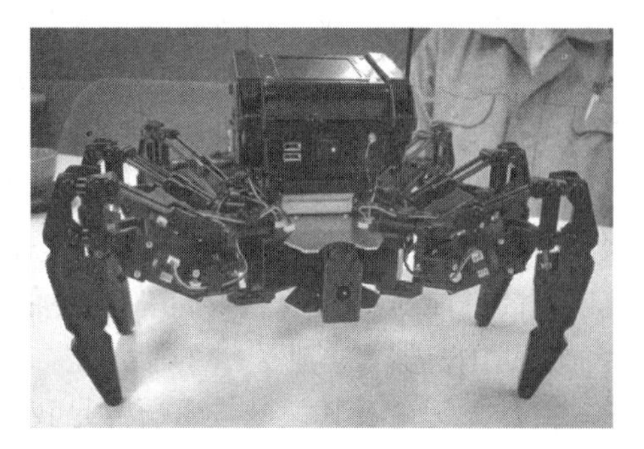

图 1-9 新型机器人

器人是代替人类在极地、深海、外太空、核辐射、军事战场、自然和人为灾害等危险甚至不可达区域执行任务的重要手段，存在依赖离线编程、在动态未知环境中依赖人类远程操作等问题。机器人在智能和自主方面与人存在巨大差距，机器人的进一步发展必然要寻求作业能力的提升、人机交互能力的改善、安全性能的提高。当前，机器人正在从传统机器人走向现代机器人，呈现出人-机交互、人-机合作、人-机融合等明显技术特征，现代机器人需要在三维环境感知、规划和导航、灵巧操作、直观的人-机交互、行为安全等理论与技术方面寻求突破与发展[3]。

1.2.2 国内情况

我国工业机器人起步于 20 世纪 70 年代初，但因劳动力资源丰富和技术落后等原因发展缓慢。20 世纪 80 年代中期随着改革开放开始发展机器人，“七五”计划中机器人被列为国家重点科研规划，“863”计划启动时设立了智能机器人主题，机器人被列入“中国制造 2025”重点领域[3]。

近 20 年来，我国机器人技术取得显著进步，1000m 水下机器人、6000m 水下机器人、高压水切割机器人、自动化汽车冲压线机器人、激光加工机器人、手术机器人、重载锻造操作机器人、多足步行机器人、仿生机器人等相继问世。我国机器人应用领域也在不断扩大，逐步从汽车等制造行业，向食品、医疗、服务和国防等领域发展[3]。

进入 21 世纪以来，随着劳动力成本大幅上涨，我国制造业对机器人的需求不断加大，未来我国的产业转型升级、社会老龄化应对、国防装备升级需要大量的先进机器人。据统计，2014 年我国以 5.6 万台工业机器人的销量优势成为世界上最大的工业机器人市场。根据预测，2025 年时我国的工业机器人保有量将达 180 万台，销量将达 26 万台[3]。

我国机器人产业已经取得了一定的进步，在机器人整机设计与制造方面积累了一定的经验，形成了一支较为庞大的基础研究队伍，工业机器人本体制造技术较为成熟，但与市场需求形成巨大反差的是，我国机器人技术总体发展相对落后，国内机器人市场绝大部分被国外公司占据，仅瑞士 ABB、日本发那科及安川电机、德国库卡四家公司已占国内市场 70%以上，国内机器人制造企业仅占据机器人低端市场。目前，国内机器人核心技术缺失，精密减速机、控制器、伺服系统以及高性能驱动器等核心部件主要依赖外购，机器人自主设计与创新能力不足，是我国机器人产业发展的瓶颈[3]。

机器人理论及其关键技术研究是我国工程领域长期面临的科学挑战问题，需要解决机器人与作业任务和环境的适应性、人机交互与自律协同控制、信息采集与传输机制等科学问题，突破减速器、感知驱动与控制等关键技术及核心部件瓶颈，确保我国在下一轮机器人发展大潮中立于不败之地，机器人理论与关键技术研究是国家的重大战略需求[3]。

1.3 机器人的基本结构

机器人系统通常由三大部分六个子系统组成。三大部分是机械部分、传感部分和控制部分；六个子系统是驱动系统、机械系统、感知系统、控制系统、机器人-环境交互系统和人机交互系统，如图 1-10 所示。

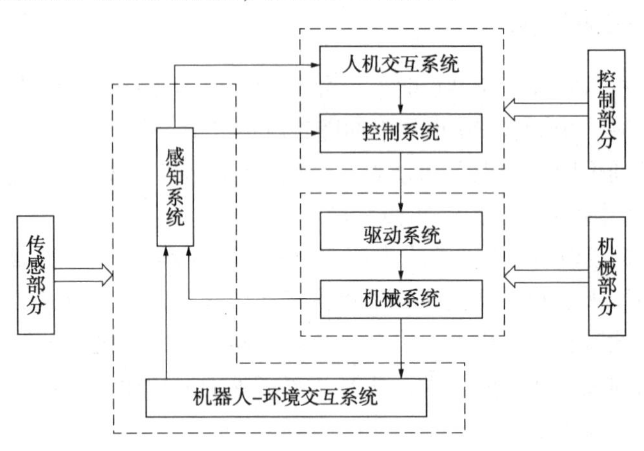

图 1-10 机器人的基本构成

1.3.1 机械部分

机械部分为机器人的本体部分，也称为被控对象，这部分可分为两个子系统。

(1) 机械系统

机械系统又称操作机或执行机构系统，由一系列连杆、关节或其他形式的运动部件组成，通常包括机座、立柱、腰关节、臂关节、腕关节和手爪等，构成多自由度机械系统。

（2）驱动系统

驱动系统主要指驱动机械系统的机械装置。根据驱动源不同可分为电动、液压、气动三种或三者结合在一起的综合系统；驱动系统可以直接与机械系统相连，或通过皮带、链条、齿轮等机械传动机构间接相连。

1.3.2 控制部分

控制部分相当于机器人的大脑，可直接或通过人工对机器人的动作进行控制，控制部分也分为两个子系统。

（1）控制系统

控制系统根据机器人的作业指令程序以及从传感器反馈回来的信号，支配机器人的执行机构完成规定的动作。工业机器人被控输出端和控制输入端不具备信息反馈系统或装置的称为开环控制系统；否则称为闭环控制系统。

根据运动的形式，控制可分为点位控制和轨迹控制，点位控制中，控制的运动是空间点到点之间的运动，在作业过程中只设定和控制几个特定工作点的位置，不需对点与点之间的运动过程进行控制；轨迹控制中，控制的运动轨迹可以是空间的任意连续曲线，机器人在空间的整个运动过程都处于控制之中，且能同时控制两个以上的运动轴，这对焊接和喷涂作业是十分有利的。

（2）人机交互系统

人机交互系统是使操作人员参与机器人控制并与机器人进行联系的装置，例如计算机的标准终端、指令控制台、信息品示板、危险信号警报器、示教盒等。简单来说该系统可以分为两大部分：指令给定系统和信息显示装置。控制系统若不具备信息反馈特征，则为开环控制系统；具备信息反馈特征则为闭环控制系统。根据控制原理可分为程序控制系统、适应性控制系统、人工智能控制系统；根据控制运动形式可分为点位控制和轨迹控制。

1.3.3 传感部分

传感部分好比人类的五官，为机器人工作提供感知，使机器人的工作过程更加精准。这部分主要可分为两个子系统。

（1）机器人-环境交互系统

该系统是实现机器人与外部环境中的设备之间相互联系和协调的系统。工业机器人与外部设备可集成为一个功能单元，如加工制造单元、装配单元、焊接单元等，多台机器人、多台机床或设备和多个零件存储装置等也可以集成为一个执行复杂任务的功能单元。

(2) 感知系统

感知系统由内部传感器模块和外部传感器模块组成，用以获得内部和外部环境状态中有意义的信息。内部传感器主要是用来检测机器人本身状态的传感器，如位置传感器、角度传感器等；外部传感器主要是用来检测机器人所处环境及状况的传感器，如力传感器、距离传感器等。智能传感器是传感器与微处理机相结合的系统，具有采集、处理、交换信息的能力，它的使用提高了机器人的机动性、适应性和智能化水平。

1.4 目前机器人的主要应用场景

我国工业机器人应用较广的行业有汽车制造、电子电气、铸造、橡胶及塑料、化工等。这些行业产品的生产线上，重复性、危险性工作较多，而工业机器人具有很好的定位系统性能、很高的承载力以及可以安全可靠高强度作业等优势，能够满足在这些领域的应用[4]。

随着机器人技术的不断进步与发展，机器人可以做的工作也变得多样化起来，如喷涂、码垛、搬运、冲压、上下料、包装、焊接、装配，等等。现如今，服务机器人的出现又给机器人带来了新的职业——与人类交流。那么，这么多应用方式，究竟哪几种机器人应用领域是广泛的呢?

(1) 机械加工应用(2%)

机械加工行业机器人应用量并不高，只占了2%，原因大概也是因为市面上有许多自动化设备可以胜任机械加工的任务。机械加工机器人主要应用的领域包括零件铸造、激光切割以及水射流切割。

(2) 机器人喷涂应用(5%)

这里的机器人喷涂主要指的是涂装、点胶、喷漆等工作，只有4%的工业机器人从事喷涂的应用。

(3) 机器人装配应用(12%)

装配机器人主要从事零部件的安装、拆卸以及修复等工作，由于近年来机器人传感器技术的飞速发展，导致机器人应用越来越多样化，直接导致机器人装配应用比例的下滑，常见的应用在装配上的机器人包括冲压机械手、上下料机械手。

(4) 机器人焊接应用(35%)

机器人焊接应用主要包括在汽车行业中使用的点焊和弧焊，虽然点焊机器人比弧焊机器人更受欢迎，但是弧焊机器人近年来发展势头十分迅猛。许多加工车间都逐步引入焊接机器人，用来实现自动化焊接作业。

(5) 机器人搬运应用(46%)

目前搬运仍然是机器人的主要应用领域，约占机器人应用整体的四成左右。

许多自动化生产线需要使用机器人进行上下料、搬运以及码垛等操作。近年来，随着协作机器人的兴起，搬运机器人的市场份额一直呈增长态势(见图 1-11)。

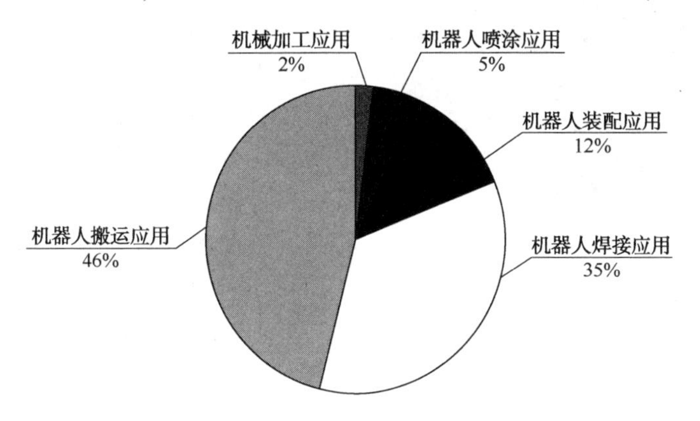

图 1-11　机器人应用领域占比

机器人具体应用如下：

1) 机器人码垛：

包装的种类、工厂环境和客户需求等将码垛变成包装工厂里一个头痛的难题，选用码垛机器人最大的优势是解放劳动力，一台码垛机(见图 1-12)至少可以代替三四个工人的工作量，大大削减了人工成本。码垛机器人是将包装货物整齐地、自动地码垛，在末端执行器安装有机械接口，可以更换抓手，使码垛机器人应用在更多的场合，在工业生产和立体化仓库，码垛机器人的使用无疑会大大地提高生产力，降低工人的工作强度，在个别恶劣的工作环境下还对工人的人身安全起到有效保障的作用。

图 1-12　机器人码垛

2) 机器人冲压：

冲压机器人(见图 1-13)能代替人工作业的烦琐重复劳动以实现生产的机械全自动化，能在不同的环境高速运作的同时确保工人的人身安全，因而广泛应用

图 1-13　冲压机器人

于机械制造、冶金、电子、轻工和原子能等行业，因为这些行业在生产过程中的重复动作相对比较多，所以在这些行业中利用冲压机器人的价值会很高，生产商品的效率会很高，从而为企业带来更高的利润。机械手全自动化解决方案：节省人力物力，降低企业在生产过程中的成本。在塑料加工厂，取出生产好的产品放置在输送带或承接台上传送到指定目标地点，只要一人管理或一人同时看两台甚至更多台注塑机，可大大节省人工，节约人工工资成本，做成自动流水线更能节省厂地的使用范围。

3）机器人分拣：

分拣工作是内部物流最复杂的一环，往往人工、工时耗费最多。自动分拣机器人能够实现 24 小时不间断分拣；占地面积小，分拣效率高，可减少 70% 人工；精准、高效，提升工作效率，降低物流成本。

机器人高速分拣(见图 1-14)可以在快速流水线作业中准确跟踪传送带，通过视觉智能识别物体的位置、颜色、形状、尺寸等，并按照特定的要求进行装箱、分拣、排列等工作，以其快速灵活的特点大大提高了企业生产线的效率，降低了企业的运营成本。

4）机器人焊接：

采用机器人进行焊接作业可以极大地提高生产效益和经济效率；焊接的参数对焊接结果起到决定性作用，人工焊接时，速度、杆伸长等都是变化的。机器人的移动速度快，可达 3m/s，甚至更快，采用机器人焊接(见图 1-15)比同样用人工焊接效率可提高 2~4 倍，焊接质量优良且稳定。

图 1-14　机器人分拣

图 1-15　机器人焊接

5）机器人激光切割：

激光切割(见图 1-16)是利用工业机器人灵活快速的工作性能，根据切割加工工件尺寸的不同，可以选择机器人正装或者倒装，对不同产品进行示教编程或者离线编程，机器人的第六轴装载光纤激光切割头对不规则工件进行三维切割。加工成本低廉，设备虽然一次性投入较贵，但连续的、大量的加工最终使每个工件的综合成本降低下来。

6）机器人喷涂：

喷涂机器人（见图 1-17）又叫喷漆机器人，是可进行自动喷漆或喷涂其他涂料的工业机器人。喷涂机器人精确地按照轨迹进行喷涂，无偏移并完美地控制喷枪的启动。确保指定的喷涂厚度，偏差量控制在最小。喷涂机器人喷涂能减少喷剂的浪费，延长过滤器工作使用寿命，降低喷房泥灰含量，显著延长过滤器工作时间，减少喷房结垢。输送能力提高 30%。

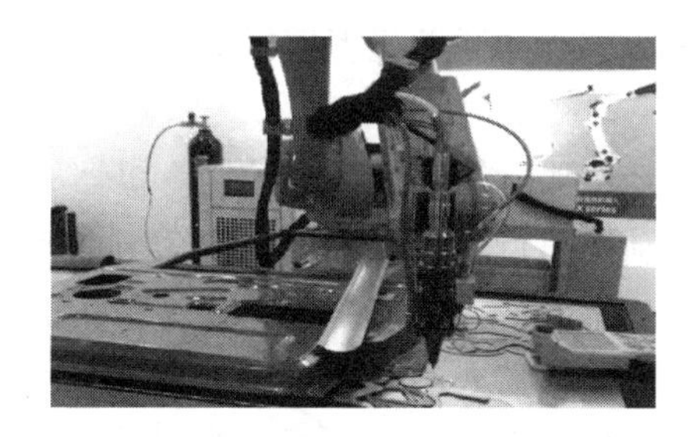

图 1-16 机器人激光切割

图 1-17 机器人喷涂

7）机器人视觉应用：

机器人视觉技术是把机器视觉加到工业机器人应用系统中，相互协调完成相应工作。采用工业机器人视觉技术，能够避免一些外在因素对检验精度的影响，有效克服温度、速度的影响，提高检验的精度。机器视觉可以对产品的外形、颜色、大小、亮度、长度等进行检测，搭配工业机器人可以完成物料的定位、追踪、分拣、装配等需求。

8）机床上下料：

机床上下料机器人系统，主要用于加工单元和自动生产线待加工毛坯件的上料、加工完工件的下料、机床与机床之间工序转换工件的搬运以及工件翻转，实现车削、铣削、磨削、钻削等金属切削机床的自动化加工。机器人与机床的紧密结合，不仅是自动化生产水平的提高，更是工厂生产效率革新与竞争力的提升。机械加工上下料需要重复持续的作业，并要求作业的一致性与精准性，而一般工厂对配件的加工工艺流程需要多台机床多道工序的连续加工。随着用工成本提高及生产效率提升带来的生产压力增大，加工的自动化程度及柔性制造能力成为工厂竞争力提升的关卡。机器人代替人工上下料作业，通过自动供料料仓、输送带等方式，实现高效的自动上下料。

1.5 油气领域的机器人技术和人工智能

“人工智能”一词最初是在 1956 年 Dartmouth 学会上提出的。人工智能(AI)英文是 Artificial Intelligence，是研究、探索用于模仿、延展人类的智能的理论、手段、实现工具以及实践应用的新生科学。现有的学科理论中有两种实现人工智能的方式：第 1 种是计算机工程学法，利用传统的计算机编程，使系统变得“智能”。现有很多领域呈现大量此类成果，如文字识别技术(OCR)。第 2 种是模拟法，在本身实现智能的基础上，还同时模拟人类或生物机体进化或思维模式进行能力提升，如遗传算法和人工神经网络。对人或其他生物的进化、遗传等机理模拟的方法称作遗传算法，对人或其他生物大脑内神经的联动机理模拟的方法称作人工神经网络[5]。

机器人学是人工智能学科的一个学习分支，主要专注于运动和控制。机器人可称作可编程机器，其一般能够自动地或半自动地执行一系列操作和指令。传统机器人没有实现智能化，不具备拟人化的升级与学习，人们向往一种技术产品使得相关机械产品具有高度的智能的能力，人工智能机器人的出现完美融合了人工智能和机器人的各自特点。主要体现在四个价值创造点，一是加速企业创新，二是提升用户满意度，三是减少运行成本，四是增进生产效率，特别是在海洋油气领域尤为突出。海洋油气领域作业环境较为恶劣，极端环境条件下操作人员无法现场作业，直接影响生产，影响企业经济效益。

近年来，能源行业采用新技术和人工智能分支的速度比其他行业慢。在这场新冠疫情打乱世界上每一家石油和天然气公司的计划之前，各公司就已经开始使用数字化机器人技术，并更多地运用各种人工智能技术，以提高运营效率、降低成本并保护员工的健康和生命。新冠疫情对石油和天然气行业的影响只是加速了使用远程操作机器人进行检查和维护以及使用无人机检测泄漏。此外，人工智能、机器学习和高级分析还有助于企业更好地决定如何以及在何处钻取资源，如何降低成本和优化运营，以及如何使用预测分析提高作业安全性。石油和天然气行业高管越来越意识到，在当今和未来的世界，石油行业不仅与净零排放承诺相关，还将与采用先进技术提高生产力和降低成本相关。

1.5.1 石油和天然气拥抱技术

越来越多的公司正在使用工业物联网(Industrial Internet of Things)与连接的传感器和设备、数字油田和数字孪生技术来远程监控甚至操作其资产。机器人正在帮助海上石油和天然气平台上的工人，执行对人类可能有风险的任务。石油和天然气公司拥有大量的实物资产，通常在恶劣的环境条件下工作，他们非常欣赏通过智能传感器、机器人和无人机远程执行某些任务的能力。分析人士说，未来几年，技术的采用将不断增长，并使早期采用者比其他人更具优势。数据和分析公司 Global Data 在 2020 年的一份报告中表示，采用云计算可以提高运营效率，从而为行业带来优势。BP、雪佛龙、埃克森美孚、壳牌和道达尔是石油和天然气行业采用云计算的一些领先者。Global Data 的石油和天然气分析师表示："云应用程序将更好地迅速实施新的时间、能源和成本节约技术，帮助石油和天然气公司适应不断变化的行业。"据称，云计算将促进其他节省时间、金钱和能源的技术的采用，包括石油和天然气行业的人工智能和机器学习(ML)。

1.5.2 人工智能将成为最具颠覆性的技术

人工智能被评为 Global Data 新兴技术：Sentiment Analysis 在 2020 年第 4 季度调查中最重要的技术。调查对象表示，预测性维护、地震储层识别、资产管理、风险和泄漏检测都将受益于各种人工智能的使用。Global Data Energy 指出，石油和天然气行业作为一个整体，可能是人工智能应用较晚的行业，但它一直在增加对最先进人工智能技术的投资。根据 Global Data 的专利数据库，石油和天然气行业的年度人工智能专利数量在短短五年内翻了一番，从 2015 年的 61 项增加到 2020 年的 119 项。Global Data 说，"早期投资的公司已经降低了成本，提高了效率。他们可以利用这些改进带来的资金，进一步领先于竞争对手。尚未进行投资的公司必须尽快进行投资，否则将面临被淘汰的风险。"

1.5.2.1 油气领域上游智能化运用

为了提高安全性、降低生产的成本以及优化运营，在石油和天然气行业中，许多公司通过使用机器人、无人机，借助远程检查技术以及人工智能来达到以上目的。英国石油公司(BP)使用波士顿动力公司的机器狗对远程设施进行检查，使员工远离具有潜在危险的工作环境，从而提高员工安全性。荷兰皇家壳牌公司目前利用无人机来探测甲烷并以此来完善美国二叠系盆地的甲烷泄漏检测与修复方案。2020 年 7 月份，为了增强在美国最高产的页岩盆地中的甲烷泄漏检测和修复(LDAR)计划，壳牌公司和 Avitas(贝克休斯公司的合资企业)签订了关于扩大无人机使用范围的协议。在 2020 年，壳牌还和 Cyberhawk 签下了为期五年的合同，iHawk 作为 Cyberhawk 创建的一种基于云的资产可视化软件将成为壳牌下一代可视化软件平台，为壳牌的所有资产和全球建设项目提供支持。智能化可以完成使用无人机进行海上平台作业。无人机可以加强安全性，提高生产效率，并有助于降低石油和天然气的二氧化碳排放量。

挪威机器人钻井系统公司已经研发出了一个全自动石油钻井平台，该发明原理源于火星探测漫游者(MER)，可以持续获取周围各类环境数据，通过人工智能特定程序算法表达判别不同反应。该平台确认作业地点的位置坐标是通过卫星来定位的，可以全自动立起高度相当于14层楼的井架并自动开发钻井，依照相关程序完成作业后可以依靠卫星导引继续行驶到另一个目标作业地点。如今许多科技工作者的研究领域已扩展至石油石化行业自动化智能应用。除了专业的IT新技术企业在进行研究，很多能源石油公司也已开始致力于探索如何用人工智能机器人取代工人从事危险且耗时的油气领域工作。Equinor公司(挪威国油)已预测，伴随AI机器人研发水平的提高，海上石油与天然气开发将减少半数的人力资源，而且可以提升超过25%的作业效率。

1.5.2.2 油气领域中下游智能化运用

美国密歇根州立大学研究人员针对机器鱼(见图1-18)进行研究开发，最新的成果使机器鱼的续航能力有所提高，使其增加了滑翔功能，可以通过拍打尾巴游动，提升了探测距离。同时，研究人员在机器鱼上配备各种水下测量传感器，目的是探测到原油。传感器比较特殊，具备了GPS定位与无线网络通信能力。

研究中有一个名为GRACE的机器鱼(滑翔机器ACE)(见图1-19)，研发初期它主要用于帮助解决“墨西哥湾漏油”事件。机器鱼配备的石油传感器，通过释放“大鱼群”在海湾重点区域跟踪监测漏油痕迹。该类机器鱼的设计能允许其在极其险恶的海水环境中正常使用，可以绕开水下各种障碍，时刻保持着网络接入。

图1-18 机器鱼

图1-19 GRACE机器鱼

阿布扎比国家石油公司(ADNOC)近年来在技术和人工智能上加大投资，该公司在2020年11月完成了大规模多年预测性维护项目的第一阶段，该项目使用人工智能技术(机器学习、数字孪生技术)，可以节省多达20%的维护费用。其目的是提高ADNOC各个工厂的设备可靠性和性能。这将有助于ADNOC提高生产效率、降低维护成本，并以最大限度提高其上下游业务的资产效率和完整性。BP公司于2021年2月宣布，它已在德国的林根炼油厂完成了一项汽车自动驾驶实验。自主汽车软件开发商Oxbotica与BP公司合作开展实验，这是能源领域世界范围内的首例，其也成为英国石油风险投资公司技术组合的最新成员。BP 旨在实验成功后，于 2003 年年底前部署第一辆自动车辆监控炼油厂的运营情况。

1.5.2.3 深海机器人

深海海洋油气领域被认为是未来世界油气增产的潜在宝藏。相较陆地作业，在恶劣、严峻的水下环境进行勘探开发实施难度更高、风险更大，因此对数字化、智能化、无人化需求更加迫切。目前世界范围内有超过千台的 ROV 机器人(见图 1-20)在海上工程作业中得到广泛应用，其中在海洋石油、天然气等资源开发和作业领域应用最多。

图 1-20 海洋机器人

挪威国家石油公司和康斯伯格公司与挪威科技大学已合作推进海底机器人的研发，将研制可游动的海底蛇形机器人。该研究的目的是寻找替代庞大而昂贵的维护船只的设备，对目前技术难以达到深水区域的油气装置设备等进行维修维护，一旦得到应用可大幅降低成本。

1.5.3 油气领域智能发展面临的挑战与思考

1.5.3.1 固有思维模式的打破

一股剧烈变革浪潮持续席卷全球能源行业，市场秩序被打破，规律将被重塑，以能源利用清洁化、低碳化和高效化为特征的能源转型加速推进。受可再生能源快速增长、交通电气化迅速普及和能效提高等多种因素影响，油气领域企业面临的挑战日益凸显。以人工智能为代表的新一代数字技术也为传统能源企业带来了机遇和挑战。壳牌、挪威石油等国际领先企业正在加快实施新技术应用策略，抢占创新发展制高点。各竞争领域对信息化新技术的应用水平与效能将决定将来的能源市场版图。

面对挑战，应该打破固有思维模式，一方面要一如既往地做好油气主业，优化现有业务流程，另一方面也要对环境变化保持足够的敏锐度，正视自身在产业结构、技术能力等方面与国际同行的差距，加快推进公司数字化转型，迎接能源行业变革的浪潮。人工智能和大数据应用可以彻底改变能源行业。以海洋机器人为例，其有助于降低石油勘探作业成本，提高企业安全运营能力及作业效率，在整条行业领域产业链上得到了应用。再如道达尔与谷歌的合作，共同研究如何利用 AI 自动化分析能力解读勘探业务，从而“释放”有限的人力去完成一些更为复杂的任务，比如提升模型算法，优化现有业务流程，变革工作重点，将人的价值作用发挥到最大。

1.5.3.2 关键技术的突破

在机器人制造领域，国际一流企业经过数年发展，在机器人应用与科研方面积攒了丰富的技术和经验，国内机器人应用近年来取得的高速发展大多得益于国内外新技术的发展，但国内机器人主要占有中低端市场，高端市场产品少之又少，核心在于关键技术上未能突破，例如电机、传感器、控制系统、核心芯片等组件的研发制造。在海洋油气领域工作环境复杂多变，用于海洋石油勘探的机器人应该具有环境适应性与容忍性，关键技术突破点在低温伺服电机。同时，高科技材料也是关键技术，是限制其应用的重要瓶颈。

纵观油气生产领域应用场景，如故障预警诊断、异常行为分析等，一个时期内获取的数据属于部分样本，因此，人工智能仍需在部分样本数据学习技术上有所突破，需要具有资深业务与 IT 能力的科研工作者对场景的模拟算法做不断的有效矫正，满足实际工程应用需求。

1.5.3.3 人工智能发展的保障措施

美国 2019 年启动了“美国人工智能倡议”。这份倡议体现出“美国优先”“顶层推动”和“数据开放”三个主要特点，明确提出，要保护关键的人工智能技术不被战略竞争者和对手国家获得。倡议指出，保持美国在人工智能技术领域的优势，对美国经济和国家安全利益至关重要。该倡议是确保美国在人工智能领域的领导力的正面支持文件，可见人工智能技术的应用前景与战略研究地位。

我国应在多方不同层级促进人工智能健康而迅猛地发展。从国家层面来看，要重点关注技术与产业的深度融合，推动建立国家专项科研实验基地；从行业领域层面来看，要保障大数据行业基础，重点构建大数据库以便机器学习使用，推动人工智能领域与能源行业油气领域深度融合创新；从企业层面来看，要鼓励我国领先企业将成熟经验进行推广，提升企业的核心能力，推动与互联网等创新能力强大的相关企业的战略合作。未来，我们即将迎来人工智能应用的辉煌时代[6]。

扫一扫获取更多资源

2.1 油气机器人现状

当今，人类社会正在步入人工智能时代，智能机器人正在助力多种行业，石油公司也在积极探索智能机器人在油气勘探中的应用。本文梳理了国外油气行业中智能机器人的应用状况，分析了智能机器人在油气勘探领域应用的优势、面临的挑战、市场需求及对策，对未来智能机器人在油气勘探应用方面进行展望。

2.1.1 油气行业在机器人方面的需求

环境需求方面，当前的石油勘探大多处于高温、极寒、海洋、沼泽等环境条件，特别是海洋石油勘探的区域不适合人类进入，机器人替代人类在这些区域工作，可以消除员工面临的危险；工作性质方面，石油勘探未来发展趋势是应用巨量节点采集设备的高密度地震勘探，工作强度大，单一重复性高，完成这种类型的工作正是机器人的优势所在；效率和质量方面，智能机器人的效率比人类高许多倍，而且与人类相比，不会受到情绪、技能、劳累等因素的影响，工作质量可以做到标准统一；资源需求方面，高密度地震勘探会产生巨大的人力需求，人力成本巨大，现有的人力资源根本无法满足生产需求，高效的智能机器人才能解决这个难题。

2.1.2 油气机器人面临的挑战

2.1.2.1 技术层面

国外企业经过几十年的发展，在机器人研发和应用方面积累了丰富的技术和经验；国内机器人近年来得益于国内、外形势的发展，取得了蓬勃的发展，但国内机器人主要集中在中低端市场，高端市场产品极少，关键技术上，比如说对控制系统、伺服电机、传感器等重视不够，未见突破。而石油勘探行业工作环境为复杂多变的野外，用于石油勘探行业的机器人必须具有宽环境适应性。关键技术是限制其成功应用的主要瓶颈，关键技术取得突破(如低温伺服电机)，才能开发出具有复杂环境自适应的智能机器人，助力地震数据高效采集。

2.1.2.2 观念层面

目前，因国际油价持续低迷，促使国内地震勘探走在高效采集路上，大多数地震采集用传统方法施工需要更多人力、设备、成本，为降低成本，提高效率，需要智能化、自动化设备应用于地震数据采集施工中。而国内地震数据采集多年来采用传统地震数据采集方法，地震队管理人员及相关人员已经习惯于原有施工方法。智能机器人要想成功应用于地震采集中，必须经过设备本身定制化设计，施工流程的标准制定，多年现场尝试应用，最终才能投入实际生产。要想让人们在观念上认可智能机器人在地震采集中的应用，必然是个长期过程。

2.1.2.3 专业人才层面

近几年智能机器人产业在蓬勃发展，但相关人才发展却严重滞后，各高校也纷纷开设相关专业，人才培养需要周期，不可能一蹴而就。就勘探公司目前情况而言具备机器人技术知识，懂机器人应用、维护技术和管理的人才非常稀少，这种情况，即使目前有地震采集机器人，也无法保障机器人正常、高效地运行，机器人也不能充分发挥应有的效用。

2.2 机器人在油气产业的应用

2.2.1 高危环境作业

2.2.1.1 海上石油钻井平台

海洋石油勘探被认为是危险系数较高、风险较大的行业，其具有技术要求高、施工难度大、作业环境差、活动范围狭小、远离陆地、救生困难和逃生困难等特点。海洋石油作业过程中的高风险性，决定了海上石油作业往往会带来重大的灾难性事故，近些年来也事故频发，其中包括英国的 Piper Alpha 平台爆炸事故、巴西 P-36 半潜式采油平台爆炸事故、印度钻井平台大火事故、西班牙“威望号”溢油污染事故、墨西哥伊克斯托克 1 号海上钻井平台井喷事故、美国爪哇海号钻井船翻船事故、美国“埃克森·瓦尔迪兹号”溢油污染事故等。分析以上事故原因，海上石油机器人在海洋钻井平台上的应用是目前降低其事故多发率的一种有效途径。其中包括：

(1) 水下石油管道巡检

使用水下机器人能够对水下油气管道完好性进行检查，防止泄漏事故发生，消除安全隐患，水下机器人的各种功能将会成为机器人领域的一个热点。

(2) 导管架安装及设施检修

导管架安装主要涉及三个步骤，分别为地质勘查、导管架下水以及安装后检查。机器人的介入，在效率、精度、人员安全等方面有很大帮助。在设备检修方面，由于海上石油工程面临的工作环境十分恶劣，特别是容易遭到化学腐蚀作用，所以，必须定期对设备实施详细的检查，以提高安全性。而水下机器人能够以超声波测厚仪、涡流检测仪、磁粉探伤仪、电位仪以及水下摄像头等为基础来对设备进行仔细的检查，从而确保作业安全。

(3) 海洋石油钻井平台巡检

伴随着海上石油平台开关间现在巡检任务量大、平台配备专业人员少的问题，并结合陆地现有巡检机器人技术、应用及其实现方式，采取对海上平台开关间进行机器人的投放，来减少人员的输出，降低人员损失，同时将专业技术人员解放出来，调配到更需要的地方[7]。

(4) 水下高压焊接

目前，针对渤海湾的石油管道采用的是一种在60~100m深的水域完成输油管道修补作业的水下高压全位置焊接的焊接机器人，该机器人可完全取代人工，可在水下完成高强度作业，降低人工操作的风险率。

2.2.1.2 管束设备维护

管束类设备被广泛应用于石化、冶炼、轻工、食品及能源等行业中。在炼油企业，管束类设备质量占炼油工艺设备总质量的40%，投资费用占建厂费用的20%左右。以某石化公司为例，共有管束类设备1000台左右，在生产中发挥着重要作用。在管束类设备使用过程中，受高温、高压等化学和物理作用，设备中不可避免地会产生高温聚合物、水垢、结焦、油垢以及沉积物等形式多样的污垢，造成生产能耗增加、工艺流程中断、设备不能正常使用，甚至发生恶性事故，给正常生产和生命财产安全带来巨大危害。目前，无论是管束高压水射流清洗还是涡流检测，操作过程都主要由人工完成，不但作业效率低、工期长、劳动强度大，而且检测和清洗作业有一定的危险性。管束环境下机器人可替代人在危险、恶劣环境下作业，是辅助完成人类无法完成的工作(如空间与深海作业、精密操作、管道内作业等)的关键技术装备[8]。

2.2.1.3 危险事故搜救

石化企业的易燃易爆物，在爆炸极限内，如果遇到具有一定能量的点火源，就会引起火灾甚至爆炸事故，而这类险情一旦出现，后果将非常严重。石油化工装置火灾发展迅猛，易引发连锁性爆炸，而且化工产品多带有毒性，给搜救工作带来很大困难。所以，首先要利用耐高温高压的移动机器人，进行内部侦查，查找有无人员伤亡，查明燃烧位置、形式以及面积，然后再投入充足的救援力量，确定前进和撤退路线，因此工业机器人的定位及动态轨迹跟踪的研究越来越重要。

2.2.1.4 故障油井探测

对于以水驱采油为主的我国陆上油田，向地下注水的压力和注水量日益升高，地质状况愈加复杂，在役油井故障带来的后果愈加严重，使得修井作业在油田生产中的作用与地位日益突出。如何判别故障类型并对故障点状况进行及时、准确的检测是石油井修井作业需要解决的关键问题。故障石油井探测机器人检测装置工作稳定可靠、运行灵活、测量误差小，可安全地沿井壁行走，并把探测装置送到指定位置，为修井生产方案的准确制定提供技术支持和安全保障。

2.2.1.5 高危环境信息采集

针对部分高危环境进行检测的仪器主要包括网络视频监控仪、土壤检测仪、有毒气体检测仪、温湿度检测仪和辐射检测仪等。高危环境信息采集机器人，能够对环境信息进行全面的采集，并且对工况的适应性较强。

2.2.2 油气储层探测

纳米机器人是根据分子水平生物学设计制造的在纳米空间进行操作的“功能分子器件”，已广泛应用于医疗和军事领域。近年来提出的采油纳米机器人在驱替过程中，能够了解井间基质、裂缝和流体性质，以及与油气生产相关的变化；测量油藏的储层参数、液体参数、流体和地层界面的空间分布等；纳米机器人的作用已被沙特阿美公司于2010年6月在Arab-D地层中注入的纳米机器人取得里程碑式的研究进展所证实。但在油藏中如何部署纳米机器人、如何对纳米机器人在油藏中进行遥测和定位、纳米机器人如何探测注入(渗流)通道以外的油气资源等问题还有待解决并面临着很多挑战。尽管在储层改造、清蜡降黏、油层解堵、原油驱替、污水处理等采油工程技术领域真正应用纳米机器人还有一段距离，但正是纳米机器人在采油工程领域近乎无限的可能性，有助于延长油井开采时间和减缓油田自然递减，展望未来纳米机器人将会有较好的应用前景[9]。

纳米机器人注入油藏后，在油气勘探与开采中目前具有多种的用途。油藏纳米机器人在石油天然气的开采与勘探中具有多种用途：识别和确定高渗通道，绘制裂缝和断层图形，识别油藏中被遗漏的油气，优化井位设计和建立更有效的地质模型，辅助圈定油藏范围，可能在未来还会用于将化学品送入油藏深处进行驱油。其目前所应用的领域如下：

① 测量油藏的储层参数(见图2-1)：包括压力(最高、最低)，温度(最高、最低)，相对渗透率，孔隙度(孔隙尺寸、孔喉半径、孔隙几何形状)，岩石应力状态等。

② 测量油藏液体参数(见图 2-2)：石油、天然气、水存在的形式，油气的类型，油/气/水界面，油/气/水边界，二氧化碳、硫化氢等有害气体的含量，流体 pH 值(最大、最小、平均)，流体的黏度、饱和度。

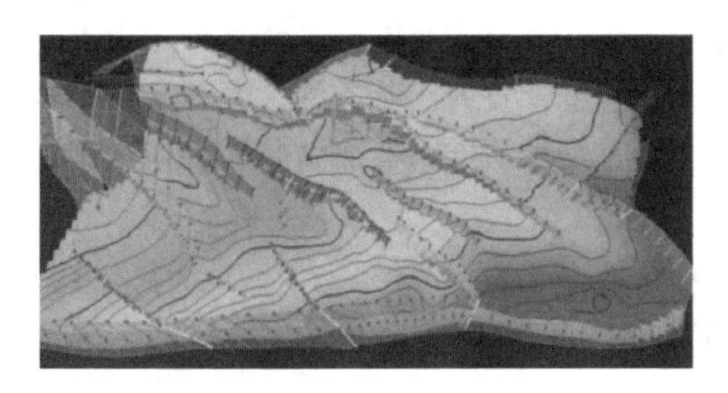

图 2-1 测量油藏的储层参数

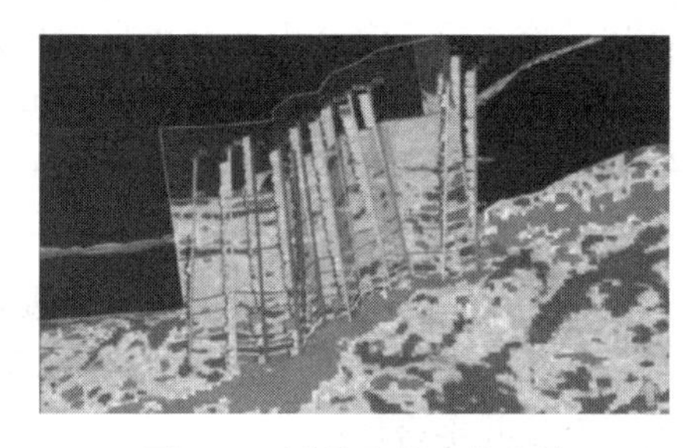

图 2-2 测量油藏液体参数

③ 测量流体和地层界面的空间分布(见图 2-3)：流体空间分布(油、气、水的空间位置，剩余油气的位置及分布形态)，岩石地层界面(岩层间的几何形态、油藏之间分隔情况、天然裂缝的分布、断块的几何形态、人工裂缝的长度、走向)，2D、3D、4D 油藏孔隙系统。

2.2.3 石油钻井平台

2.2.3.1 井下管柱下入

水平井测井、压裂等井下作业过程中，入井管柱常常因与井壁接触面积过大而受到较大的摩阻，导致管柱屈曲锁死而出现下入困难的问题，通常采用机械减阻或润滑剂减阻的方法来减小摩阻，但不能从根本上解决管柱屈曲锁死的问题。针对此类问题的机器人主要包括两种：

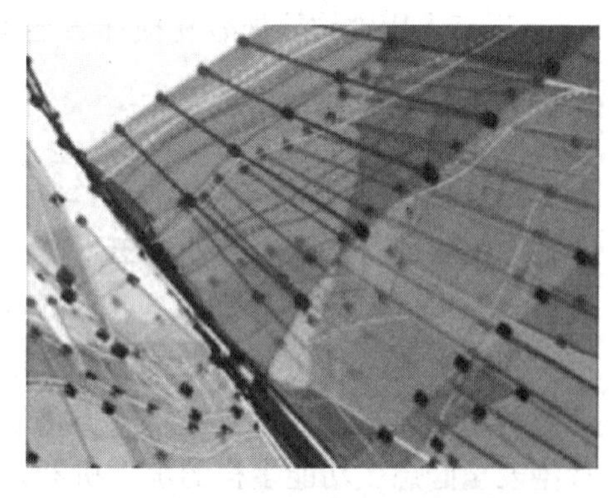

图 2-3 测量流体和地层界面的空间分布

① 井下牵引机器人：井下牵引机器人主要为井下管柱提供牵引力，分为轮式、履带式和伸缩式 3 种类型，国外应用较为成熟，国内目前基本处于实验研究阶段。

② 井下钻井机器人：不仅能为井下管柱提供牵引力，还具备钻井液通道，能为钻头提供钻压，有伸缩式和獾式 2 种类型，目前国外处于实验研究阶段，国内尚在理论研究阶段，很少有相应的样机实验研究。

2.2.3.2 钻井平台自动化作业

钻井作业机器人是石油、天然气等作业中用于完成上钻杆、接钻杆对扣等作业的装置。过去工作人员要直接用双手和铁钩进行拉拽工作，操作准确率低，用时长，消耗体力大并随时都会伤及钻杆螺纹，给工作人员和操作设备造成不利影响，而且钻台面多有泥浆，特别湿滑，如遇大风、雨、雪等恶劣天气，台面结冰更是危险，为了安全生产并提高工作效率，钻井平台作业机器人就显得尤为重要了。如何通过技术改进，提高作业的自动化程度，改善作业条件，尤其是在恶劣气候条件下的作业条件，增强作业的安全性，是目前推动石油钻井平台作业机器人发展的动力。

钻井平台作业机器人的意义主要体现在如下几个方面：

① 钻井平台作业机器人整体结构高而窄，针对钻井平台狭窄的作业环境特别适合钻井平台作业。

② 工人野外钻井平台作业是一项非常危险的作业，如遇恶劣天气更是如此，拥有作业机器人可提高钻井过程中的安全性。

③ 钻井平台作业机器人可以节约时间，大大缩短了钻井所需要经历的周期。

④ 钻井平台作业机器人既可以减轻钻井工人的劳动强度，又可以缩减钻井工人的数量。

⑤ 工人用铁钩拉拽容易损坏管道螺纹接口，作业机器人可以保护工件。

2.2.4 巡逻检测

2.2.4.1 水下管道巡检

水下石油管道是海上油气田生产设施的重要组成部分，必须定期或适时对其进行检测以保障其安全运营。水下机器人可以远程无线控制和无线图像传输，能够实现水下巡查任务，并且具有控制系统简单化、功能灵活化、性价比高等优点。利用水下机器人可以对水下石油管道完好性进行巡查，防止出现泄漏事故，杜绝安全隐患，功能多样的水下机器人将成为机器人研究领域的热点之一。

2.2.4.2 海上石油平台巡检

无人驻守石油生产平台是目前新形势下提出的新的尝试，引入独立的巡检机器人系统，能有效减少监控盲点，及时全面了解无人平台现场具体情况。自主定位是巡检机器人导航的基础，目前自主巡检机器人主要分为两种：相对定位和绝对定位。相对定位存在着误差的周期性累积，仅适用于距离较短的定位控制；绝对定位对环境的依赖性比较强，但不存在误差的累积。现阶段为保证长距离的准确定位，一般采取两种方法结合的组合定位方法。

2.2.4.3 输油场站自动化巡检

输油场站是石油化工企业中一个非常重要的部分，起着成品油的储存、运输及终端销售供给的作用。为了确保输油场站及成品油的安全，每天需要大量的专业人员对输油场站内的管路及设备进行定时巡视。这种作业方式危险性高、劳动强度大，而且受巡检工个人工作能力的限制，巡检质量也参差不齐。随着机器人技术的发展，一种新的利用机器人的巡检模式应运而生。巡检机器人(见图 2-4)可搭载一系列传感器，代替巡检人员进入易燃易爆、有毒、缺氧、浓烟等现场进行巡检、探测，有效解决巡检人员劳动强度大、现场数据信息采集不足等问题，而且还可以对现场管道、仪表等设备的运行状况和显示信息进行监测和识别判断，有效提高输油场站的自动化和智能化水平，具有广阔的发展空间和应用前景。

图 2-4　巡检机器人

2.2.4.4　油田智能巡检机器人

当今社会，随着国家经济水平日益提升，各个行业对石油能源的需求逐渐增多，全社会朝着智能化、信息化、数字化方向发展，油田行业也在逐步向智能化、信息化、数字化的方向发展，与此同时，对我国石油资源开发的经济性、安全性和稳定性都提出了更高的要求。尤其是构成石油系统的采油设备，其工作稳定性和安全性，对石油生产系统具有重要意义。为了满足巨大石油需求，我国每年都会有大量的新建或扩建油田投入生产，并逐步建设为高产能油田。为了保证油田的持续稳定生产，油田巡检是必不可少的。

目前，油田巡检主要还是采用传统的人工巡检方式去实现，但巡检的效果往往受工作人员业务能力、经验、工作环境等影响较大。而且，油田通常地域辽阔、设备众多，油田巡检往往会面临人少设备多的客观因素，极大地制约了巡检有效性。采用传统的巡检方式，难以满足石油开发可持续发展的要求，因此，非常有必要将智能机器人引入到油田生产巡检工作中来。智能机器人作为一种新的巡检手段，在诸多行业已有应用，不仅避免了因人为主观因素导致的无效巡检，还提高了油田生产巡检效率和可靠性，智能机器人不仅能够代替人工完成常规巡检，甚至能够完成许多人工无法或难以完成的任务。由此可见，智能机器人在油田巡检中有着广阔的应用前景。

2.2.4.5 特殊环境下智能巡检

目前巡检机器人已经被广泛地应用在石油管道站场、化工厂、变电站以及天然气站场等一些需要定期巡检的场合。这些应用场合大多数是开放的半结构化环境，其中可能布满各种大型油气罐、管道和立柱等设施，导致部分通道非常狭窄，限制了巡检机器人的通行。目前针对该环境下所设计的智能巡检机器人主要以四轮滑动转向结构的轮式移动机器人作为载体，研究其在狭窄环境中基于激光雷达的导航技术。

2.2.4.6 油气管道故障检测

自20世纪60年代日本研制出了第一台爬壁机器人以来，许多国家的研究人员也相继展开了对爬壁机器人的研究，并制作出了爬壁机器人系统样机，从此爬壁机器人技术得到了快速发展。近二十年来，研究人员通过对爬壁机器人行走机构和吸附方式的改进和完善，研制出了多种类型的爬壁机器人用于完成高空危险作业，例如：进行高层建筑玻璃清洗、高空反侦查、大型储物罐厚度检测和维护、大型船舶除锈、自动焊接等。由于爬壁机器人不仅可以减少工作人员的劳动强度和操作风险，而且具有提高工作效率的特性，因此爬壁机器人的研究是现代社会中的一个重要的研究方向。但是通过调查发现爬壁机器人在管道缺陷检测领域研究相对较少。油气管道缺陷检测是保证油气安全运输的一个重要前提，然而在现代工业中，管道的拼接都是通过人工焊接或者自动焊接技术来完成的，管道焊缝之间难免会出现各种缺陷，导致管道泄漏事件，给国家和人民生活带来巨大的损失。2014年5月美国洛杉矶出现输油管道破裂，160t石油泄漏，造成了几千万美元的损失。2015年美国再次出现天然气大量泄漏事件，持续两个月，导致大量居民出现疾病，并被迫搬家。

因此，为了确保石油和天然气管道的使用安全，必须在石油和天然气管道投入使用之前对管道是否存在缺陷进行检测。常见的焊缝缺陷检测方式主要是超声检测、射线检测、磁粉检测、涡流检测等。然而射线检测费用高，而且会产生辐射，对工作人员身体有害；磁粉检测只能检测大的缺陷并具有局限性；涡流检测具有局限性，只能检测有导电能力的工件。相比之下，超声检测具有适用范围广、灵敏度高、操作方便、对人体无害等优点，因此超声检测在现代工业中的应用最为广泛。

2.2.4.7 炼化厂石油巡检机器人

随着石油炼制技术的进步，炼化企业装置规模呈大型化一体化发展态势。为了保障装置安全可靠运转，单纯依靠人工巡检不能满足现场巡检需要，且危险区域人工巡检风险高，巡检质量易受人员素质影响。结合智能机器人技术的发展现状，提出智能机器人替代人工巡检的方案，以达到降低巡检强度、提高巡检质量、降低人身伤害风险的目的。

2.2.5 海洋机器人

中国邻近海域的石油和天然气的储量为40亿~50亿吨，为了更好地探测和开发海洋资源，需要加强海洋工程探测装置和开采设备的研发。从勘探、钻井、开采到原油运输的海洋石油和天然气开发需要大量的水下设备安装、维护和检修等作业任务。水下作业操作复杂，技术和精度要求都高。有缆遥控水下机器人(Remotely Operated Vehicle，ROV)是深海辅助开采石油和天然气不可缺少的重要设备之一，ROV可以承担一些重型作业任务，比如海底输油管道的安装、检测与维修，辅助采油设备的安装等。

水下机器人的设计过程。首先，完成水下作业机器人水面监控系统的设计和研制，水面监控系统由控制面板、工控机、硬盘录像机、显示屏等组成。水下机器人控制指令由STM32采集控制面板的信息通过串口通信发送给工控机。工控机以Qt(Qt是一个用于图形界面程序跨平台开发的C++工具仓)为开发平台开发人机交互界面，通过网络通信控制水下机器人运动并显示水下机器人的运动姿态、推进器的状态，且具有数据保存、视频显示等功能。随后，研究了水下作业机器人动力定位的状态估计方法。建立水下作业机器人的艏向动力学模型和垂向动力学模型，研究粒子滤波(Particle Filter，PF)、扩展卡尔曼滤波(Extended Kalman Filter，EKF)、无迹卡尔曼滤波(Unscented Kalman Filter，UKF)、粒子滤波融合扩展卡尔曼滤波(EKF/PF)在ROV动力定位中的状态估计的应用，提出了一种基于粒子滤波融合无迹卡尔曼滤波的估计算法(UKF/PF)的ROV动力定位状态估计的新方法，仿真结果表明了粒子滤波融合无迹卡尔曼滤波算法的优越性。其次，研究水下作业机器人的动力定位的控制方法。采用水下作业机器人的动力学模型设计了一种新颖的基于指数趋近律的离散滑模控制的动力定位的控制方法，仿真结果表明了基于指数趋近律的离散滑模控制算法的优越性。最后，开展水下作业机器人水面监控系统的串口通信和网络通信的调试，STM32数据采集板的调试，对水下作业机器人进行水下定航，定深实验。

针对海洋资源设备的海底铺设、安装、检测、维护修理以及潜海勘探作业均有机器人 ROV 的“身影”。海底电缆(OBC)和海底节点(OBN)的布设均需要利用水下机器人。海洋机器人一定是未来海洋石油事业的发展方向。

2.3 基于代替高危职业的机器人需求

中国石油集团规定的 7 项高危作业有：高空、高压、易燃、易爆、剧毒、放射性以及高速运输工具。

2.3.1 在吊装作业中的危险

吊装作业指使用桥式起重机、门式起重机、塔式起重机、汽车吊、升降机等起吊设备进行的作业。吊装作业的人员主要包括操作手、吊装指挥以及司索工；配合的人员主要包括驾驶员和施工安装人员。吊装作业的环境和气候极具复杂性，环境因素主要包括地面、地下、空中和距离；气候因素主要包括温度、雨雪、沙尘和光线。吊装作业的主要参数有吊具、索具、吊装设备的标准负载能力、支腿、起吊重量和作业的半径。吊具以及索具指吊装设备的附属装置，如钢绳、滑轮、索环、平衡仪、扣钉、吊架孔、轮箍和挂钩等。吊装设备的标准负载能力为由制造商标明的最大吊升能力，其与吊臂的长度及半径有关。支腿指吊装设备上用于增加其稳定性或负载能力的可延伸且起固定作用的臂。起吊重量指在货物起吊中，货物及所有在吊臂顶端悬挂的提升器械的最大总重量。作业半径指吊挂货物中心的垂线与吊臂转动中心之间的距离。

吊装作业的风险主要为人员伤亡以及吊物损毁。人员伤亡主要为落物伤人、物体打击以及车辆伤害等。2010 年 6 月 20 日，某队搬家在起吊封隔器时，因牵引绳取走，负责抓绳套的 4 人上前用手扶住防喷器，当防喷器调离地面 10~15cm 时，防喷器突然跌落地面，同时头顶上方的吊车大钩发出异常声响，扶防喷器的 4 人迅速跑开，吊车大钩随即落下砸在防喷器旁，钢丝绳散落地面。事件未造成人员伤亡及设备损坏。在这一案例中，可以发现吊装作业中的意外往往由设备失效引起。设备失效具有很大的随机性，一般认为是不可预测的。在石油生产中的吊装需求大部分是大质量、长时间的。这不仅对吊装设备的安全可靠性有着很高的要求，同时对吊装作业人员的操作技术也有一定程度的挑战，还对作业人员的生命有着极大的威胁。在作业现场，经常会发生作业不规范的场景，如人员在吊装危险区内、吊装未设立警戒线、气瓶随意乱放、作业人员用脚滚套管及现场工具摆放凌乱等。这些产生于经验主义的失误是难以避免的，因此想要从根本上使得工人的生命得到保障，唯一办法还是进行技术升级[10]。

2.3.2 在动火作业中的危险

动火作业指在油气生产、炼油化工等易燃易爆区域内，以及在使用过的油气管线、容器等设备或盛装过易燃易爆物品的容器上，从事任何能直接或间接产生热和火花的作业，如焊接、气割、燃烧、研磨、打磨、钻孔、破碎、锤击及使用不具备本质安全的电气设备和内燃发动机设备。在动火作业中涉及的人员主要包括动火申请人(负责人)、动火批准人、动火监护人以及动火监督人。动火申请人是填写《工业动火许可证》，并向动火批准人提出动火申请的作业单位现场负责人，是动火作业单位指定在现场负责动火作业的组织者。动火批准人是负责审批《工业动火许可证》的负责人，是有权利提供、调配、协调风险控制资源的属地最高管理者或其授权人。动火监护人是经过安全培训，由动火作业单位指定在作业现场对动火作业过程实施安全监护的人。动火监督人是由动火批准人指定对动火作业现场安全情况实施监督检查的人。动火监督人应经过培训，熟悉动火区域或岗位的生产过程、工艺流程和设备状况，具有应对突发事故的能力。

在实际动火作业中，经常出现无支架操作、间距不够、整个现场摆放凌乱等作业情景，带来了巨大的安全隐患。意外事故往往包括火灾和爆炸、灼伤或烫伤、机械伤害(研磨、打磨、钻孔、破碎、锤击等)、中毒或窒息(焊接烟气、受限空间内的动火作业等)、辐射(紫外线及红外线)、触电、噪声(研磨、打磨、钻孔、破碎、锤击等)等。

一个容积为40L、压力为15MPa的气瓶，爆炸时产生的能量约相当于0.37kg的TNT炸药的威力。而在实际生产作业中，往往会有气瓶材质和制造方面的缺陷，气瓶受热超压爆炸的情况，气瓶介质充装过量的情况，气瓶内介质混装的情况，气瓶运输中受到剧烈震动或碰撞的情况以及气瓶操作不当的情况。这些情况都会导致严重事故的发生，但却是不能从源头上避免的。要想从根本上使工人的生命安全得到保障，是需要技术升级的。

2.3.3 在高处作业中的危险

高处作业是指在坠落高度基准面2m以上(含2m)位置进行的作业。高处作业涉及的主要有锚固点、锚固点连接装置、钩锁、缓冲装置、逃生装置、个人坠落防护系统、跌落、全身式安全带、定位装置系统、弹性救生索以及坠落阻止器等。锚固点通常是指横梁、支架、柱子等，上面可用来系救生索。锚固点必须能够承载至少2268kg的静止重量。锚固点连接装置安装在锚固点上，是用来连接坠落防护系统的一个组件或装置，至少能够承载2268kg的静止重量，如连接皮带、竖钩、支架把手等。钩锁是指带有保险装置的蹄形或椭圆形的连接锁件。缓冲装置指能够在坠落制止过程中转移能量或者减轻工作人员所承受的冲击力的装置，其抗断强度必须达到2268kg，如坠落阻止器、缝合的系索、特殊编织的系索、撕开或变形的系索、弹性救生索等。逃生装置是用于从高处逃离的设备或装置，如滑道、梯子等。个人坠落防护系统是防止从作业平面坠落的系统。该系统包括锚固点、连接装置、全身安全带等。坠落隐患指可能造成坠落的条件或状况。跌落指在坠落过程中发生的人员与支撑点的意外脱离。全身式安全带指能够系住人的躯干，把坠落力量分散在大腿的上部、骨盆、胸部和肩部等部位的安全保护装置，包括用于挂在锚固点或救生索上的两根系索。定位装置系统指用于使工作人员在高处作业时能够腾出双手(比如向后倾斜)进行工作的固定装置。弹性救生索指可以缓慢拉伸，但在坠落时，能立即锁住的坠落防护系统。可以在需要进行有限度的垂直移动的场所使用，比如在罐、检修口、压力容器里或屋顶上。坠落阻止器指一种带止回功能的救生索附件，当坠落发生时能通过惯性扣住救生索。坠落阻止器通常使用在垂直移动的场所，如高处作业的吊篮或悬垂的脚手架。

高处作业中的意外事故通常会造成由坠落带来的机械损伤，而这种损伤一旦发生往往意味着一位工人不能够再从事他所擅长甚至赖以生活的工作。高处作业对作业工人也有着一定的身体要求，工人在从事该作业时不能有高血压、心脏病、贫血、癫痫、严重关节炎、手脚残废及其他禁忌；不得在酒后或服用嗜睡、兴奋等药物后作业。同时工人应熟悉并掌握高处作业的操作技能，经过培训且合格。能够熟练从事高处作业是一件不易的事情，同时还要面临着生命安全危险，这对于这一行业的从业者来说是不小的风险。然而现阶段工程上存在许多需要高处作业的内容，因此无论是想要保证工人的生命安全或者保障行业继续发展，技术升级是必要的。

2.3.4 在受限空间中作业的危险

受限空间通常指大到员工可以进入从事指定的工作，进入和撤离受到限制，不能自如进出，并非设计用来给员工长时间在内工作的空间。受限空间至少符合内部存在或可能出现有害气体、内部存在或可能出现能掩埋进入者的物料；受限空间的内部结构可能将进入者困在其中(如内有固定设备或四壁向内倾斜收拢)或存在任何其他已识别的严重威胁安全或健康等危险特征之一。在特殊情况下，高度高于1.2m，内外没有到顶部的台阶且区域内作业者身体暴露于物理或化学危害中同时可能存在比空气重的有毒有害气体的围堤、动土或开渠深度大于1.2m或作业时人员的头部在地面以下且身体处于物理或化学危害之中同时可能存在比空气重的有毒有害气体的动土或开渠以及惰性气体吹扫空间都属于受限空间作业。

2007 年 3 月 22 日，上海某制氧站 3 名员工未做好安全防护措施便进入空分分离塔内进行氩气保护焊接工作。由于空间狭小，氧气供应不足，导致 3 人先后窒息昏迷在分离塔管道内，后经抢救无效死亡。空气中氧气含量正常情况下为 19.5%~23.5%，当氧气含量下降为 15%~19%时，人的工作能力会降低、感到费力。当氧气下降到 12%~14%时会发生呼吸急促、脉搏加快，同时协调能力和感知判断力降低。当氧气下降到 10%~12%时，会发生呼吸减弱，嘴唇变青。当氧气下降到 8%~10%时，会发生神志不清、昏厥、面色土灰、恶心和呕吐。当氧气下降到 6%~8%时，会发生呼吸停止，6~8min 会窒息死亡。当氧气下降到 4%~6%时，40s 后会昏迷、抽搐、呼吸停止后死亡。此外，由化学气体导致的吸入中毒也不在少数。由此可见在受限空间中作业时的危险具有隐蔽性，作业工人往往不易察觉到危险，而当察觉到时又为时已晚。除开从设计上减少受限空间作业的次数，想要保障工人的安全，根本上来讲是需要技术升级的。

2.3.5 海上石油钻井工

海上石油工作的危险性非常大，许多海上石油钻井作业，都是在偏远地区进行的。那里海浪汹涌环境恶劣，当工人们遭受火灾、机械故障和爆炸等灾难时，甚至都无法紧急疏散，而且石油钻井平台一旦起火，少则数小时多则数天才能熄灭。在这一情况下，救援人员很难对伤员进行援救，如果再遇到海上的暴雨狂风浪涌，工人有可能被石油钻井机推到海中甚至被闪电击中，他们面临的将是永久性的伤害或是死亡。

2.4 基于满足新型技术要求的需求

2.4.1 海洋油气方面的需求

在海洋领域，当前各类机器人已经成功地应用于水下的探测、清洁、救援和安全等不同的作业领域。但是在石油和天然气工业中，相对来说仅有少量的机器人设备用于勘探和生产，例如管道和水下生产设施的检查和维修。然而，以上提到的这些设备多是远程控制的机器人，需要用户在操作期间进行持续的远程控制。一个很自然而又不新鲜的想法就是在海上油气平台上采用半自主或完全自主的智能自主机器人来进行辅助作业，一方面可以降低操作生产设施所需的人力支出，另一方面可以大大改善安全性、工作条件和生产经济性，从而提高劳动力的效率。但迄今为止还没有智能自主机器人在实际海上作业环境中的成熟应用。

海洋平台操作人员通常要花费大量的时间进行步行检查、运输和定期维护任务。如果一个可以适应海洋及石油行业环境的智能自主机器人用于完成这些频繁但简单的任务，那么仅仅对于日常的海洋平台作业就是一个巨大的效率提升。从目前智能自主机器人的发展水平来看，可以比较顺利地完成如下任务：

① 定期检测和维护任务；

② 根据运行要求增添的临时任务；

③ 与环境有或无机械接触的活动。

智能自主机器人可以配置远程遥控模式或者自主模式，远程遥控模式的一个非常实用的应用就是对无人平台的定期维护。采用远程遥控模式可以精确操作阀门和操纵杆，包括调节压力或流量、启动或停止特定设备等的操作。自主模式则可以在载人或无人平台上广泛使用。比如机器人可用于实时检测气体泄漏，并进行第一次干预活动，如消防和关闭气阀。在紧急情况下使用机器人可以最大限度地减少人类接触危险，从而提高平台人员的整体安全性。以智能自主机器人的平台能力，还可以自主执行大量的定期检查和监控任务。这包括：

① 指针或数字仪表的读数监测；

② 阀门的检查；

③ 声、光检查；

④ 设备泄漏检查；

⑤ 环境取样；

⑥ 气体和火灾传感器的维护。

用于海上检查的智能自主机器人可进一步配备远超人类感知能力的传感器和功能，例如通过光谱分析进行音频检测，对泵、涡轮机和平台设备的热成像和图像进行分析。此外，机器人还可以在恶劣的天气条件和危险的情况下工作，以弥补恶劣环境下人类无法对平台状态进行监控和维护的情况。

智能自主机器人在海洋平台上作业有这样那样的好处，那么为什么在海洋平台上的应用水平这么低呢？这是因为智能自主机器人要想应用于海上作业环境，必须克服智能自主机器人在陆地应用中所不存在的极限挑战：

① 海洋平台上的环境温度在不同空间会有明显的变化，因此智能自主式海上机器人必须能在-30~50℃的温度范围内正常工作。

② 海洋平台有高达100%的相对湿度和冷凝水、工艺设备产生的高辐射热、强降水、溅水、咸空气、风暴和阳光直射等恶劣情况。

③ 为了保证在爆炸性环境中的安全运行，必须对其进行防爆保护，因此必须根据相关标准对其进行认证或至少做型式认证。

海上平台主要由普通钢地板和格栅组成，通常有小孔、锐边、斜坡和高达十几厘米的台阶。要求海上智能自主机器人设计时必须考虑“最坏情况”，即具有最大间隙和最大坡度下的越障能力。在典型的海洋平台环境中，智能自主式检查和安全机器人和AGV(移动机器人)需要在走廊和明确界定的区域内作业，用于海上作业的检查和操纵机器人应能够接近大部分平台设备。通常为便于运送受伤人员，平台通道尺寸要求最小宽度为745mm。根据这些数据，确定了海上智能自主机器人必须能够通过的参考通道。智能自主机器人通常需要能够自动检测出周围的墙壁和其他类型的障碍物，并规划出合适的最佳无碰撞路径。而海上设施包含复杂的结构，如管道、法兰、储罐、钢架、楼梯等结构很难被智能自主机器人的传感器系统检测到。因此海上智能自主机器人的各种传感器必须适合于区分海洋作业环境中的相关结构。海洋平台上的工艺设备，特别是深水装置上的工艺设备，分布在不同层，通常包括中间层或夹层。要从一个标高移动到另一个标高，只能使用楼梯或梯子。因此为了让一个机器人进入所有的楼层，必须为机器人找到一种适当的爬楼方式。

为了在海上设施上安全操纵，除了对传感器硬件的规定有要求外，机器人的导航系统还必须满足额外的要求。在狭窄的通道中，机器人必须非常精确地沿着给定的路径行驶，以避免接触平台设备。高速通过海上装置中长距离通道，必须对环境传感器的数据进行实时高频处理，并对机器人的运动进行实时修正，这对传感器数据采集和处理系统提出了很高的要求。为了减轻机器人远程操作人员的工作量，机器人的控制软件应提供尽可能多的自主行为。然而，机器人的自主行为在任何时候都不应与用户的意图相冲突，用户应始终能够中断机器人的自主操作，并在必要时切换到手动控制。在自主和遥控操作两种模式下，智能自主式海上检测机器人必须知道其在给定的操作环境中的精确位置。为了自动避开禁区，保证机器人的安全运行，机器人必须清楚自己的位置。在这一技术中，将环境地图与当前测量的环境特征相比较是智能自主机器人中广泛使用的一种获取当前位置的方法。

2.4.2 巡检的需求

石油化工企业具有野外、高空、高温、高压、生产工艺复杂多变、生产装置大型化、作业过程连续化、生产原料及产品易燃易爆、有毒有害和易腐蚀等危险特点，极具危险性，且事故导致的后果极其严重。安全管理已经成为石油化工行业的核心问题之一，也是企业安全管理的核心所在，虽然在现代石油化工企业中采取了尽可能安全的控制措施，但事故发生率仍然很高，石油化工企业仍然属于各类工业企业中的高危行业。员工劳动强度大，巡检效率低，且存在无法及时发现少量气体泄漏、恶劣天气下巡检存在安全隐患等问题。

机器人被广泛地应用到工业生产的方方面面，不仅提升了安全性，减少了事故发生，还提高了生产率，降低了企业成本，因此越来越多的行业认识到工业生产自动化智能化的重要性。石油石化行业一直以来都是安全事故高发地，根据调查数据显示现阶段仍有七成以上可进行无人作业改造的相关企业厂站依然沿用传统的人工巡检模式作业，因此连年出现的安全问题都因人工巡检工作效率低、细致程度差、人员巡检频次和时长不足而直接导致重大损失并且威胁着工作人员的人身安全。

由于石油石化行业生产工艺复杂、具备大型精密高危设备，传统的人力巡逻检查方法弊端太过明显，巡检工作质量的好坏与人为主观因素关联很大，例如自身问题检查不细致、判断疏忽马虎大意、不能合理安排巡逻的最佳路线、角度点位、时间、频率，或是遇到恶劣气候环境时的消极怠工、出人不出力等，然后导致大量人力资源浪费，更为严重的则是造成重大安全事故，造成不可弥补的巨大损失。

针对上述问题，一个好的解决办法就是采用引入现代化巡检机器人的科技手段，用创新型、高效型、安全型的巡检方式来达到科学化、规范化、制度化、高效化的工作目标，就类似现在行业内很多油气田采气站采用的行之有效的方法，引入大量防爆型巡检机器人，以机器人巡检替代人工巡检，让安全和效率同步提升。

2.4.3 管道机器人

长输油气管道输送介质压力高、易燃易爆，一旦发生泄漏将形成严重的后果。例如 2017 年 7 月 2 日和 2018 年 6 月 10 日发生在贵州晴隆的两起天然气管道泄漏爆燃事故均是由于管道环焊缝失效引起的。因此，环焊缝焊接作为管道现场施工的重要环节，其质量对于保障管道安全运营至关重要。随着钢级、壁厚、输送压力的不断提高，获得良好的强韧匹配的焊接接头的难度越来越大，手工焊、半自动焊等焊接方式因质量受人为因素影响大、焊接效率低、一次焊接合格率低、焊接缺陷多、工人劳动强度大，已无法满足管道现场焊接的实际需求。性能更为优越、质量更有保证的先进焊接技术与装备成为现代化、高效化的工程建设之急需，管道焊接机器人便应运而生。管道焊接机器人是一种能够在空间状态下按照一定运动姿态高精度地移动焊枪沿着焊缝进行焊接作业，并能实现最佳的焊接参数和焊接运动参数控制的自动化系统。凭借其焊接热入量小、环焊接头力学性能稳定、自动化程度高、可以最大限度地减少人为因素影响等优势，目前已成为高钢级、大口径管道焊接施工的主要焊接方式。管道焊接机器人的推广应用，可以大幅提高长输管道焊接质量与焊接效率，保障管道运营安全、提高管道使用寿命；同时，可有效提升施工企业的综合施工能力及核心竞争力，引领石油化工和城市管道的焊接技术变革。

2.4.4 水下机器人

世界海洋总面积约为 $3.6\times10^8 km^2$，占地球总面积的 70.8%，在广阔的海洋中，蕴含着非常丰富的生物资源、矿物资源和海洋能源。其中最具经济开采价值的是海底的石油和天然气资源，海洋石油资源储量占世界总储量的 1/3。海洋油气资源的开发从 20 世纪 90 年代开始迅猛发展，我国海洋油气资源的开发利用也在快速发展。随着陆上油田资源逐渐枯竭，产量逐年下降，海洋油气产量在全国油气产量中的比重越来越高。在海洋油气开发过程中，使用水下机器人可以提高工作效率，水下机器人可以深潜到潜水员到达不了的水深，克服潜水员在深水工作中遇到的困难等。人们研制的性能多样、结构各异的载人潜水器，是在潜水球和潜艇技术微型化基础上发展起来的。

起初，水下机器人的发展是出于军事等方面的需求，由美国、俄罗斯、日本、法国等国率先研制，水下机器人的研制离不开计算机技术、声呐技术、水下微光电视、遥控技术、定位导航等技术的发展。后来，海洋石油工业的迅速发展带动了工业型 ROV 的发展，北海油田和墨西哥湾油田在 1975 年使用了第一台商业化 ROV，目前各种类型、各种功能的 ROV 数量已数不胜数。本书主要介绍的是商业型或称为工业型的水下机器人。

水下机器人本身仅是一种运载工具，如欲进行水下作业，则必须携带水下作业工具。可以说，水下作业系统是水下机器人工作系统的核心，根据作业目的的不同，可以选择携带不同的水下作业系统。可以携带水下作业系统的功能特性，使水下机器人扩大了适用范围，增强了实用性。现有水下机器人的作业系统通常包括 1~2 个多功能遥控机械手和各种水下作业工具包。主要功能有：在海底观察海底地形、地貌、作业状态等；测定相关参数；水下作业中螺栓的拆装及阀门的开闭；水下施工中所用缆绳的系结与切割；水下救助和打捞；水下设施打磨和切割；水下构件或船体表面的清洁；水下钻孔、焊接。

海洋石油工程中使用的 ROV 在外形、结构、功能等方面大致与常规 ROV 是一致的，只是机械臂或所携带的工具更具石油工程的特点。海洋石油工程应用的 ROV 大多装备 4~8 个液压推进器，根据作业目标选用具备相关功能的机械手，通常为一到两只，功能一般为视频摄像、抓握物体、剪切缆绳/钢丝绳、打开/关闭阀门、拆卸螺栓/法兰/卡环、水下焊接、水下火焰切割等。此外，还装备以下设备：定位系统、电罗经、测深传感器、左右舷悬臂摄像头、转动/倾斜摄像头、扫描声呐等。

如 ROV 在导管架安装中的作用主要有：

① 地貌调查。导管架安装前，利用 ROV 对导管架安装区域的海底地貌进行

地貌检查，确认是否存在自然坑、桩腿坑、海底异物等情况，如存在海底泥面不平的情况，需要根据情况做进一步填平处理。

② 导管架扶正过程中的支持。导管架下水后，必须将导管架的姿态进行调平、扶正，利用 ROV 测量导管架防沉板与海床面的距离、角度、接触情况等，施工人员根据以上信息控制导管架下放。根据导管架的不同设计情况，有时还需要 ROV 在水下打开部分阀门，以实现导管架下水后的姿态调平。

③ 导管架定位。ROV 行进到导管架立管口或其他标记处，标记深度、艏向、坐标等信息。

④ 引导插桩。利用 ROV 协助观察，确保导管架钢桩顺利插入喇叭口，有时需要引导钢桩下放至喇叭口插桩，并引导吊桩器泄压回收。

⑤ 监控打桩。在打桩作业时，必须使用 ROV 引导打桩锤套桩，在套桩成功后，还要监测打桩情况，例如钢桩角度、入泥情况、设备工作状态等。

⑥ 灌浆作业。钢桩打到位后，钢桩与导管架桩腿之间的空隙要进行灌浆固定。使用 ROV 监控氮气、淡水清洗桩脚内壁与桩外壁夹缝过程，并对该过程进行跟踪，将信息反馈给灌浆操作方。根据导管架的不同设计，有的导管架还需要 ROV 打开或关闭部分阀门以完成灌浆作业。

⑦ 辅助安装。剪切一些用于辅助安装的缆绳/钢丝绳，如起始缆等，剪切辅助安装的浮球或浮筒等设备，拆卸和安装卡环。

⑧ 导管架安装后调查。导管架安装作业完成以上全部施工过程后，还要使用 ROV 做进一步的系统检查，检查灌浆后桩脚底部与海床面的接触情况、导管架各阀门开关状态是否正确、导管架上各设备是否完好等，并保留相关视频影像，得到最终的导管架安装后调查报告，至此，导管架整个安装作业才算完成。

ROV 在海底管线铺设中的作用主要有：

① ROV 携带水下测量设备完成海底管线的位置、损伤、埋深、异物等测量工作。

② 剪切一些辅助安装的缆绳/钢丝绳，如起始缆，剪切辅助安装的浮球/浮筒等设施，拆卸和安装卡环。

③ 水下观测工作：对管线的损伤情况、着泥点监控、废物堆积、管线悬跨、牺牲阳极以及管线的支撑、膨胀弯、注水装置和软管连接装置等进行巡航观测。

④ 电位测量：测量每根管线的阴极保护电位。

⑤ 管线悬跨测量：使用声呐测量管线悬跨长度。

⑥ 水下摄像：对整条海底管线的状态做录像保存，特别是缺陷、异常和管线的重要部位等的记录。

⑦ 水下作业：深海海底管线铺设中的膨胀弯安装过程，需要使用 ROV 完成法兰、螺栓等的拆装。

3.1 石油勘探开发的主要流程

油气田勘探开发的主要流程为：地质勘察—物探—钻井—录井—测井—固井—完井—射孔—采油—修井—增采—运输—加工等。这些环节一环紧扣一环，相互依存，密不可分。

3.1.1 地质勘探

地质勘探就是石油勘探人员运用地质知识，携带罗盘、铁锤等简单工具，在野外通过直接观察和研究出露在地面的地层、岩石，了解沉积地层和构造特征。收集所有地质资料，以便查明油气生成和聚集的有利地带和分布规律，以达到找到油气田的目的。但因大部分地表都被近代沉积所覆盖，这使地质勘探受到了很大的限制。地质勘探的过程是必不可少的，它极大地缩小了接下来物探所要开展工作的区域，节约了成本。

地面地质调查（见图 3-1）法一般分为普查、详查和细测三个步骤。普查工作主要体现在“找”上，其基本图幅叫作地质图，它为详查阶段找出有含油希望的地区和范围。详查主要体现在“选”上，它把普查有希望的地区进一步证实选出更有利的含油构造。而细测主要体现在“定”上，它把选好的构造，通过细测把含油构造具体定下来，编制出精确的构造图以供进一步钻探，其目的是尽快找到油气田。

图 3-1　地面地质调查

3.1.2 地震勘探

在地球物理勘探中，反射波法是地震勘探中一种极重要的勘探方法。地震勘探是利用人工激发产生的地震波在弹性不同的地层内的传播规律来勘测地下地质情况的方法。地震波在地下传播过程中，地层岩石的弹性参数发生变化，从而引起地震波场发生变化，并发生反射、折射和透射现象，通过人工接收变化后的地震波，经数据处理、解释后即可反演出地下地质结构及岩性，达到地质勘查的目的。地震勘探方法可分为反射波法、折射波法和透射波法三大类，目前地震勘探主要以反射波法为主。

地震勘探第一个环节是野外采集工作。这个环节的任务是在地质工作和其他物探工作初步确定的有含油气希望的探区布置测线，人工激发地震波，并用野外地震仪把地震波传播的情况记录下来。这一阶段的成果是得到一张张记录了地面振动情况的数字式“磁带”，进行野外生产工作的组织形式是地震队。野外生产又分为试验阶段和生产阶段，主要内容是激发地震波，接收地震波。

第二个环节是室内资料处理。这个环节的任务是对野外获得的原始资料进行各种加工处理，得出的成果是“地震剖面图”和地震波速度、频率等资料。

第三个环节是地震资料的解释。这个环节的任务是运用地震波传播的理论和石油地质学的原理，综合地质、钻井的资料，对地震剖面进行深入的分析研究，说明地层的岩性和地质时代，说明地下地质构造的特点；绘制反映某些主要层位的构造图和其他的综合分析图件；查明含油、气的圈闭，提出钻探井位[17]。

3.1.3 钻井

经过石油工作者的勘探会发现储油区块，利用专用设备和技术，在预先选定的地表位置处，向下或一侧钻出一定直径的圆柱孔眼，并钻达地下油气层的工作，称为钻井。

图 3-2 “蓝鲸 1 号”钻井平台

在石油勘探和油田开发的各项任务中，钻井起着十分重要的作用，图 3-2 为“蓝鲸 1 号”钻井平台。诸如寻找和证实含油气构造、获得工业油流、探明已证实的含油气构造的含油气面积和储量，取得有关油田的地质资料和开发数据，最后将原油从地下取到地面上来等，无一不是通过钻井来完成的。钻井是勘探与开采石油及天然气资源的一个重要环节，是勘探和开发石油的重要手段。

石油勘探和开发过程是由许多不同性质、不同任务的阶段组成的。在不同的阶段中，钻井的目的和任务也不一样。一些是为了探明储油构造，另一些是为了开发油田、开采原油。为了适应不同阶段、不同任务的需要，钻井的种类可分为以下几种：

① 基准井：在区域普查阶段，为了了解地层的沉积特征和含油气情况，验证物探成果，提供地球物理参数而钻的井。一般钻到基岩并要求全井取心。

② 剖面井：在覆盖区沿区域性大剖面所钻的井。目的是揭露区域地质剖面，研究地层岩性、岩相变化并寻找构造。主要用于区域普查阶段。

③ 参数井：在含油盆地内，为了解区域构造，提供岩石物性参数所钻的井，参数井主要用于综合详查阶段。

④ 构造井：为了编制地下某一标准层的构造图，了解其地质构造特征，验证物探成果所钻的井。

⑤ 探井：在有利的集油气构造或油气田范围内，为确定油气藏是否存在，圈定油气藏的边界，并对油气藏进行工业评价及取得油气开发所需的地质资料而钻的井。各勘探阶段所钻的井，又可分为预探井、初探井、详探井等。

⑥ 资料井：编制油气田开发方案，或在开发过程中为某些专题研究取得资料数据而钻的井。

⑦ 生产井：在进行油田开发时，为开采石油和天然气而钻的井。生产井又可分为产油井和产气井。

⑧ 注水(气)井：为了提高采收率及开发速度，而对油田进行注水注气以补充和合理利用地层能量所钻的井。专为注水注气而钻的井叫注水井或注气井，有时统称注入井。

⑨ 检查井：油田开发到某一含水阶段，为了搞清各油层的压力和油、气、水分布状况，剩余油饱和度的分布和变化情况，以及了解各项调整挖潜措施的效果而钻的井。

⑩ 观察井：油田开发过程中，专门用来了解油田地下动态的井。如观察各类油层的压力、含水变化规律和单层水淹规律等，它一般不承担生产任务。

⑪ 调整井：油田开发中、后期，为进一步提高开发效果和最终采收率而调整原有开发井网所钻的井(包括生产井、注入井、观察井等)。这类井的生产层压力或因采油后期呈现低压，或因注入井保持能量而呈现高压。

3.1.4 录井

录井技术是油气勘探开发活动中最基本的技术，是发现、评估油气藏最及时、最直接的手段，具有获取地下信息及时、多样，分析解释快捷的特点。通常基本录井数据包括 ROP(钻井行业的穿透率)、深度、岩屑岩性、气体测量和岩屑描述，也可能包括对泥浆流变特征或钻井参数(见图 3-3)的说明。

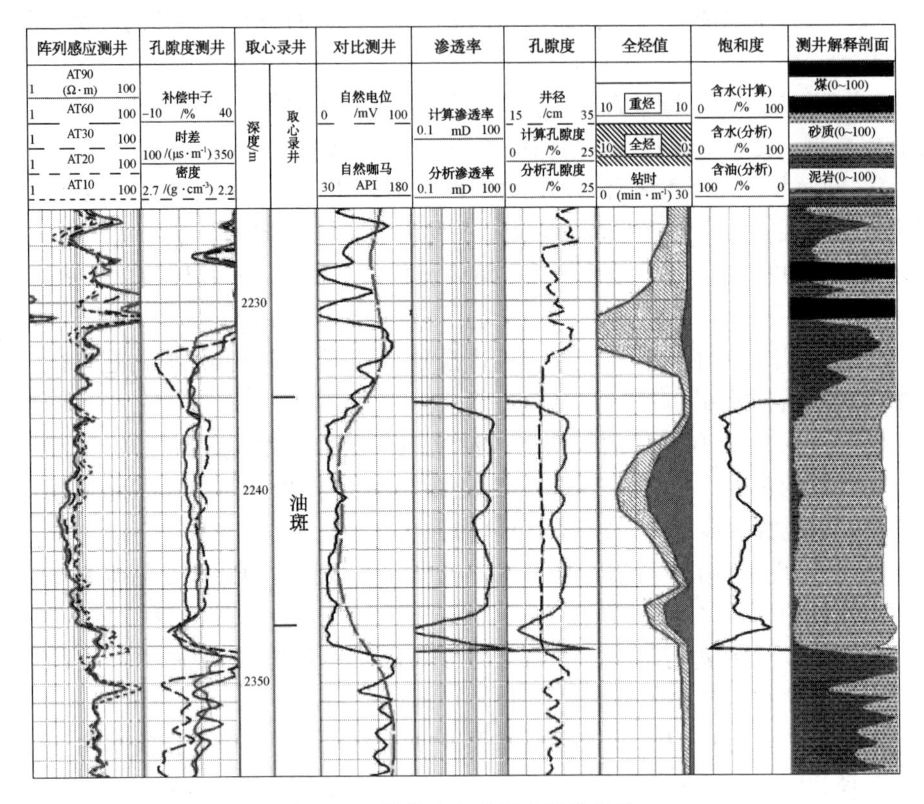

图 3-3　泥浆流变特征或钻井参数

录井是用地球化学、地球物理、岩矿分析等方法，观察、收集、分析、记录随钻过程中的固体、液体、气体等返出物信息，以此建立录井剖面，发现油气显示，评价油气层，为石油工程提供钻井信息服务的过程。

(1) 狭义录井

常规录井：岩屑录井、岩心录井、气测录井、钻井工程参数录井、荧光录井等。录井新技术：轻烃色谱分析录井、热蒸发烃色谱分析录井、核磁共振录井、离子色谱水分析、地层压力评价等。

(2) 广义录井

除了常规录井以外，广义录井还包括：井位勘测、钻井地质设计、录井工程设计、录井信息传输、油气层综合评价解释、单井地质综合评价等。

从专业学科角度讲：以规模化录井工程生产为基础，以优化系统、提高生产率为目标，在石油地质学、地球化学、地球物理学、信息科学、电子科学等学科基础上，多学科交叉形成的油气井工程学科。

从工业生产角度讲：根据合同的要求，在钻井过程中依据钻井地质设计、录井工程设计的要求，录井施工人员采用相关录井技术，使用录井仪器设备，以合理的施工成本，完成录井施工的过程。

1）录井的内容：

在钻井过程中，分析、测量、观察从井下返出的物质固态、液态、气态三种状态的物质信息，把必须在井场完成的叫作第一层录井信息，可以在室内完成分析的叫作第二层录井信息。

第一层录井信息包括：固体：岩屑、岩心。液体：油的显示信息、钻井液及其滤液信息。气体：钻井液中的气体、岩心岩屑中的气体等。其他：工程施工参数(钻井、测井、测试、固井、完井、钻具、套管等)，收集资料(井喷、井涌、井漏等)。

第二层录井信息包括：照相扫描、热解分析、荧光分析、孔渗分析、岩矿分析、古生物分析等。

2）录井的任务：

录井的任务就是把这两层信息利用录井手段取全取准，还原成井筒地质剖面图的过程。

录井的方法主要有地球化学法(岩石热解、荧光分析、离子色谱分析等)、地球物理分析方法(岩石核磁共振分析等)、岩矿分析方法(岩屑、岩心、气测等)。

录井的手段主要是指录井分析仪器、设备，主要包括综合录井仪、气测仪、地化录井仪、荧光录井仪、核磁共振仪、泥页岩密度仪、碳酸盐岩分析仪、色谱分析仪、水分析仪等。

岩屑录井是钻井地质现象录井方法之一，在钻井过程中，地质人员按照一定的取样间距和迟到时间，连续收集与观察岩屑并恢复地下地质剖面图的过程。岩屑录井的费用少，有识别井下地层岩性和油气的重要作用，是油气勘探中必须进行的一项工作。岩屑录井主要有以下过程：

① 岩屑收集与整理；

② 岩屑的描述；

③ 岩屑的保存；

④ 真假岩屑的识别；

⑤ 利用岩屑判断和分析地下岩石性质；

⑥ 岩屑录井草图和实物剖面；

⑦ 利用岩屑划分岩性和地层。

3.1.5 测井

地球物理测井或矿场地球物理，简称测井，是利用岩层的电化学特性、导电特性、声学特性、放射性等地球物理特性，测量地球物理参数的方法，属于应用地球物理方法(包括重、磁、电、震、核)之一。简而言之，测井就是测量地层岩石的物理参数，与用温度计测量温度是同样的道理。

石油钻井时，在钻到设计的井深后都必须进行测井，以获得各种石油地质及工程技术资料，作为完井和开发油田的原始资料。这种测井习惯上称为裸眼测井。而在油井下完套管后所进行的二系列测井，习惯上称为生产测井或开发测井。其发展大体经历了模拟测井、数字测井、数控测井、成像测井四个阶段。

任何物质组成的基本单位都是分子或原子，原子又包括原子核和电子。岩石是可以导电的。可以通过向地层发射电流来测量电阻率，通过向地层发射高能粒子轰击地层的原子来测量中子孔隙度和密度。地层含有放射性物质，具有放射性(伽马)；地层作为一种介质，声波可以在其中传播，可以测量声波在地层里传播速度的快慢(声波时差)。地层中的地层水含有离子，它们会和井眼泥浆中的离子发生移动，形成电流，可以测量到电位的高低(自然电位)。

测井的方法主要有：

① 电缆测井是用电缆将测井仪器下放至井底，再上提，在上提的过程中进行测量记录。常规的测井曲线有 9 条。

② 随钻测井(Log While Drilling，LWD)是将测井仪器连接在钻具上，在钻井的过程中进行测井的方式。边钻边测，为实时测井(Realtime)，井眼打好之后起钻进行测井为标准测井(Type Log)。

3.1.6 固井

为了达到加固井壁，保证继续安全钻进，封隔油、气和水层，保证勘探期间的分层测试及在整个开采过程中合理的油气生产等目的而下入优质钢管，并在井筒与钢管环空充填好水泥的作业，称为固井工程(见图 3-4)。

固井主要有以下目的：

① 封隔易坍塌、易漏失的复杂地层，巩固所钻过的井眼，保证钻井顺利进行。

② 提供安装井口装置的基础，控制井喷和保证井内泥浆出口高于泥浆池，以利于钻井液流回泥浆池。

③ 封隔油、气、水层，防止不同压力的油、气、水层间互窜，为油气的正常开采提供有利条件。

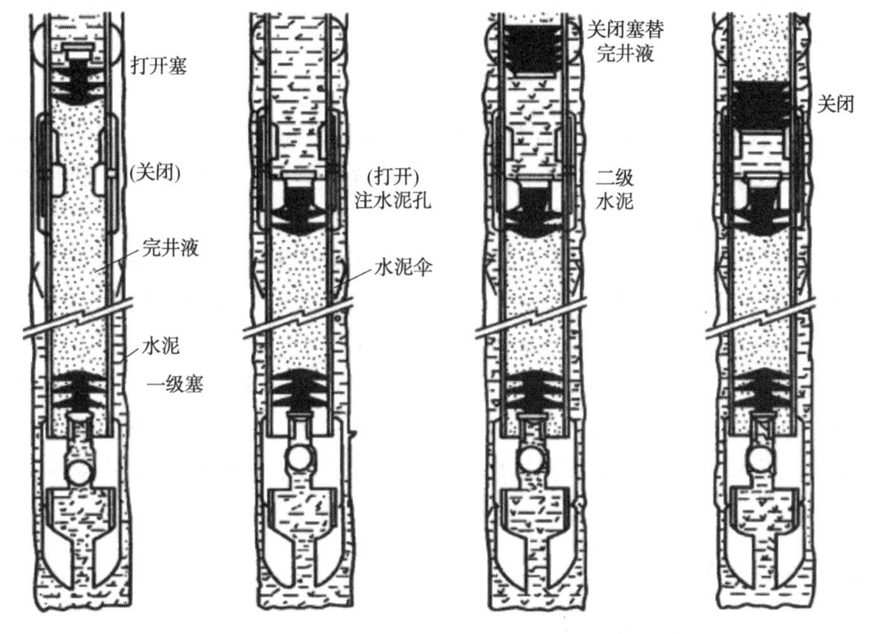

图 3-4　固井工程图解

④ 保护上部砂层中的淡水资源不受下部岩层中油、气、盐水等液体的污染。

⑤ 油井投产后，为酸化压裂进行增产措施创造了先决有利的条件。

固井的步骤主要有：

① 下套管：套管与钻杆不同，是一次性下入的管材，没有加厚部分，长度没有严格规定。为保证固井质量和顺利地下入套管，要做套管柱的结构设计。根据用途、地层预测压力和套管下入深度设计套管的强度，确定套管的使用壁厚、钢级和丝扣类型。

② 注水泥：注水泥是套管下入井后的关键工序，其作用是将套管和井壁的环形空间封固起来，以封隔油、气、水层，使套管成为油气通向井中的通道。

③ 井口安装和套管试压：下套管注水泥之后，在水泥凝固期间就要安装井口。表层套管的顶端要安套管头的壳体。各层套管的顶端都挂在套管头内，套管头主要用来支撑技术套管和油层套管的重量，这对固井水泥未返至地面尤为重要。套管头还用来密封套管间的环形空间，防止压力互窜。套管头还是防喷器、油管头的过渡连接部件。陆地上使用的套管头上还有两个侧口，可以进行补挤水泥、监控井况、注平衡液等作业。

④ 检查固井质量：安装好套管头和接好防喷器及防喷管线后，要做套管头密封的耐压力检查和与防喷器连接的密封试压。探套管内水泥塞后要做套管柱的压力检验，钻穿套管鞋 2~3m 后(技术套管)要做地层压裂试验。生产井要做水泥

环的质量检验，用声波探测水泥环与套管和井壁的胶结情况。固井质量的全部指标合格后，才能进入到下一个作业程序。

固井的方法主要有：

① 内管柱固井：把与钻柱连接好的插头插入套管浮箍或浮鞋的密封插座内，通过钻柱注入水泥进行固井作业，称为内管柱固井。内管柱固井主要用于大尺寸(16″~30″)导管或表层套管的固井。

② 单级双胶塞固井：首先下套管至预定井深后装水泥头、胶塞(顶塞和底塞)，循环水泥，打隔离液，投底塞，再注入水泥浆，然后投顶塞，开始替泥浆。底塞落在浮箍上被击穿。顶底塞碰压，固井结束。

③ 尾管固井：尾管固井是用钻杆将尾管送至悬挂设计深度后，通过尾管悬挂器把尾管悬挂在外层套管上，首先坐封尾管悬挂器，然后开始注水泥、投钻杆胶塞顶替、钻杆胶塞剪断尾管胶塞后与尾管胶塞重合，下行至球座处碰压，固井结束。

3.1.7 完井

根据油气层的地质特性和开发开采的技术要求，在井底建立油气层与油气井井筒之间的合理连通渠道或连通方式的过程叫作完井(见图3-5)。

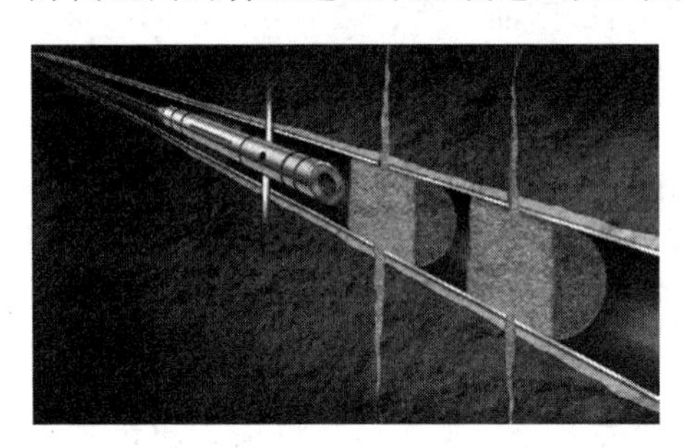

图3-5 完井图解

完井的要求主要有：

① 油气层和井筒之间应保持最佳的连通条件，油、气层所受的损害最小。

② 油、气层和井筒之间应有尽可能大的渗流面积，油、气入井的阻力最小。

③ 应能有效地封隔油、气、水层，防止气窜或水窜，防止层间的相互干扰。

④ 应能有效地控制油层出砂，防止井壁垮塌，确保油井长期生产。

⑤ 应具备进行分层注水、注气，分层压裂、酸化等分层处理措施，便于人工举升和井下作业等。

⑥ 对于稠油油藏，则稠油开采能达到热采(主要是蒸汽吞吐和蒸汽驱)的要求。

⑦ 油田开发后期具备侧钻定向井及水平井的条件。

⑧ 工艺尽可能简便，成本尽可能低。

完井的方式主要有：

① 射孔完井(Perforating)，又分为套管射孔完井、尾管射孔完井。

② 裸眼完井方式(Open-hole)。

③ 割缝衬管完井方式(Slotted Liner)。

④ 砾石充填完井方式(Gravel Packed)，又分为裸眼砾石充填完井、套管砾石充填完井、预充填砾石绕丝筛管。

一口井从上往下是由井口装置、完井管柱和井底结构三部分组成的。井口装置主要包括套管头、油管头和采油(气)树三部分，井口装置的主要作用是悬挂井下油管柱、套管柱，密封油管、套管和两层套管之间的环形空间以控制油气井生产、回注(注蒸汽、注气、注水、酸化、压裂和注化学剂等)和安全生产。

完井管柱主要包括油管、套管和按一定功用组合而成的井下工具。下入完井管柱使生产井或注入井开始正常生产是完井的最后一个环节。井的类型(采油井、采气井、注水井、注蒸汽井、注气井)不一样，完井管柱也不一样。即使都为采油井，采油方式不同，完井管柱也不同。目前的采油方式主要有自喷采油和人工举升(有杆泵、水力活塞泵、潜油电泵、气举)采油等。井底结构是连接在完井管柱最下端的与完井方法相匹配的工具和管柱的有机组合体。

3.1.8 射孔

用专用射孔弹射穿套管及水泥环，在岩体内产生孔道，建立地层与井筒之间的连通渠道，以促使储层流体进入井筒的工艺过程叫作射孔(见图3-6)。

射孔的目的为固井结束之后，使井筒与地层之间隔着一层套管和水泥环，另外还有一部分受泥浆污染的近井地带，而射孔的主要目的是穿透套管和水泥环，打开储层，建立地层与井筒之间的连通，使流体能够进入井筒，从而实现油气井的正常生产。

图3-6 射孔

射孔器材包括火工品和非火工品。火工品是指在外界能量刺激下能够产生爆炸，并实现预定功能的元件，包括射孔弹、导爆索、传爆管、传爆管退件、电雷管、撞击雷管、延时火药、复合火药、集束火药、桥塞火药、尾声弹和隔板火药等；非火工品包括射孔枪、枪接头、油管、玻璃盘接头、压力开孔装置、减震器，放射性接头、点火棒等。

射孔方式要根据油层和流体的特性、地层伤害状况、套管程序和油田生产条件来选择。射孔工艺可分为正压射孔和负压射孔，其中用高密度射孔液使液柱压力高于地层压力的射孔为正压射孔；将井筒液面降低到一定深度，形成低于地层压力建立适当负压的射孔为负压射孔。按传输方式又分为电缆输送射孔(WCP)

和油管输送射孔(TCP)，两种工艺各有优缺点，但是从技术工艺趋势来看，油管输送射孔将会越来越广泛使用[11]。

3.1.9 采油

通过勘探、钻井、完井之后，油井开始正常生产，油田也开始进入采油阶段，根据油田开发需要，最大限度地将地下原油开采到地面上来，提高油井产量和原油采收率，合理开发油藏，实现高产、稳产的过程叫作采油(见图3-7)。

常用的采油方法有：

图3-7 油田采油

① 自喷采油法：利用油层本身的弹性能量使地层原油喷到地面的方法称为自喷采油法。自喷采油主要依靠溶解在原油中的气体随压力的降低分离出来而发生的膨胀。在整个生产系统中，原油依靠油层所提供的压能克服重力及流动阻力自行流动，不需要人为补充能量，因此自喷采油是最简单、最方便、最经济的采油方法。

② 人工举升采油法：人为地向油井井底增补能量，将油藏中的石油举升至井口的方法是人工举升采油法。随着采出石油总量的不断增加，油层压力日益降低；注水开发的油田，油井产水百分比逐渐增大，使流体的相对密度增加，这两种情况都使油井自喷能力逐步减弱。为提高产量，需采取人工举升采油法(又称机械采油法)，这是油田开采的主要方式，特别在油田开发后期，有泵抽采油法和气举采油法两种。在陆地油田常用抽油机，在海上多用电潜泵，像一些出砂井或稠油井多用螺杆泵，此外常用的还有射流泵、气举、柱塞泵等。

3.2 勘探机器人

3.2.1 BWSRM-H01型地应力测井机器人

地应力测量与研究在能源开发利用方面也有着极为重要的现实意义和经济意义。地应力是油气运移、聚集的动力之一，地应力作用下所形成的储层裂缝、断层及构造是油气运移、聚集的通道和场所之一，现今地应力场影响和控制着油气田开发过程中油、气、水的动态变化。通过分析地应力与裂缝的关系可以研究油气运移与聚集的规律，寻找含油气盆地。根据地应力的分布特征和储集层岩性参数，不仅可以预测裂缝扩展的规律，为制定合理的油气田开发方案提供依据，而且还可以建立地层压力(破裂压力和坍塌压力)剖面来预测石油钻井工程井眼的稳定性。因此，地应力是油田开发方案设计、水力压裂裂缝扩展规律分析、地层破裂压力和地层坍塌压力预测的基础数据，获取准确的地应力资料对于油气田勘探开发具有重要意义。

地应力测量在科学钻探的测井工作中占有十分重要的地位，科学意义重大。大陆科学钻探是当代地球科学具有划时代意义的系统工程，通过它可以帮助人们直接、精确地了解地壳、地质结构与构造以及各种地质过程。深部地壳应力的测量与研究是大陆科学钻探计划的重要课题之一，以著名的德国大陆科学深钻计划(Kontinentales Tiefbohrprogramm der Bundesrepublik Deutschland，KTB)为例，KTB钻探项目已在地应力测量研究领域取得了重要的研究成果。KTB 主孔钻深达9100m，采用多种地应力测试方法和手段，绘制了 KTB 主孔整个孔深的地应力剖面，研究了深部地壳应力的分布规律，评价了地壳强度。位于我国江苏东海县境内的中国大陆科学钻探工程也于 2001 年 6 月开始实施，2005 年 3 月结束，完钻深度超过 5000m，同时也做了一些地应力实测和分析工作。

事实上，产生地应力的原因是十分复杂的，要弄清楚所有因素尚有困难。但就岩体工程建设本身而言，工程岩体中地应力的主要来源是岩体自重和各种地质构造运动，而实测地应力的工作具有直接、重要的意义。

地应力测量，特别是三维地应力测量方面存在不足和局限性，这反映在水力压裂法方面是其一个主应力方向必须与钻孔轴线重合，从而使其测量结果的合理性存在疑问。而套钻解除法很难在深孔中实施。BWSRM(钻孔局部壁面应力解除法)是利用侧壁取心技术，在测点附近几个局部壁面上直接钻取圆柱状岩心，使其与周围岩体完全分离取代了沿钻孔轴向套取岩心的传统方法，其在应力解除过程中要求钻取的完整岩心较短(3~4cm)，从而有可能大大降低测量过程中断心等现象的发生，同时也摒弃了水力压裂法必须假定的应力张量的一个主方向与钻孔轴线方向一致的前提条件，从而使 BWSRM 有可能为三维地应力测量提供一条新的技术途径。

BWSRM-H01 型地应力测井机器人在钻孔中可以依次完成对局部孔段上 3 个局部壁面的应力解除作业以及获得 9 个不同方向的正应变值。BWSRM-H01 型地应力测井机器人严格依据所提出的钻孔局部壁面应力解除法地应力测量原理和步骤进行工作，唯一区别就是设备中仅安装有 1 个应力测量主工作部，一次应力解除试验只能获得 1 个钻孔局部壁面上的 3 个不同方向上的正应变值，要获得测点围岩的地应力状态就需要至少 2 次的应力解除试验。但其现场测量的优越性也是显而易见的。

BWSRM-H01 型地应力测井机器人(见图 3-8)由外连接部、应力解除主工作部、电子设备仓、窥视探测部等几部分组成。其外观呈圆柱形，外径约 148mm，全长约 720mm，质量约 21kg。切割环形槽的钻具动力由功率为 400W 的特制电机驱动，按照预设的钻进控制模式对花岗岩、大理岩等岩石只需 3~4min 就可完成 40mm 深度的环形槽切割工作。机器人中共安装有 7 个不同功率和尺寸的电机，最小功率 2W。应变片自动粘贴机械手的设计和加工制造是测井机器人的又一特色，内置的自制电阻应变仪具有高精度和高稳定性。

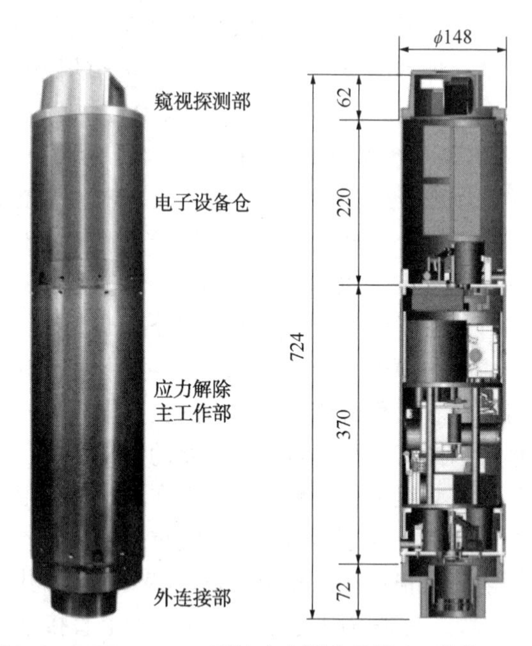

图 3-8　BWSRM-H01 型地应力测井机器人(单位：mm)

BWSRM-H01 型地应力测井机器人主要工作步骤可以概括为以下几点：

① 选择应力解除点位：

a. 推送设备至洞口，使设备轴线大致与试验孔轴线平行，探测部处于推送方向的前端。

b. 安装推送支架，连接钻杆与设备主体。

c. 解除测点位置筛选。在推送设备过程中，打开探测部的灯光电源，通过摄像系统在计算机屏幕上实时观察孔壁质量状况。当连续观察到局部孔段上无明显的裂隙或小溶洞等地质结构缺陷时，再对该孔段做重点观测。确认该局部孔段的孔壁光滑完整后，可在该孔段选取约 1m 长的局部孔段作为测量孔段，并将该孔段上的 3 个局部壁面作为应力解除点位。必要时继续向孔底方向推送设备，以便选择其他适宜进行应力解除的局部孔段。

② 实施应力解除作业选好应力解除点位后，从孔底往孔口方向依次对选好的壁面实施应力解除作业。首先将设备主体推送至要解除的点位附近，使设备的应力解除主工作部位于工作面位置时，设备锚固定位。启动打磨程序，由打磨机构在选定的工作面上进行局部打磨处理；打磨结束后，关闭打磨程序；启动喷胶和贴片程序，粘贴应变片(花)至工作面，等待 10~15min 使应变片(花)充分固化；启动冷却水循环系统、应力解除钻进作业和数据采集程序，应力解除作业开始，同时由计算机控制程序实时监测应变花上 3 个应变片所记录的被解除壁面上的应变变化情况。待钻进和环形解除槽切割正常作业结束后，启动喷涂胶剥离程序，铲刀开始工作直至使应变片(花)与岩心面剥离或剪断应变片(花)连接线；随后使钻具复位，应力解除作业结束。

③ 应力解除作业结束后，将设备从钻孔中取出，一次应力解除任务完成。

④ 在同一局部孔段内，重复上述步骤，完成对至少 3 个壁面的应力解除作业。

3.2.2 页岩气长水平段取心爬行机器人

由于水平井油气产量是普通油井的 3 倍以上，水平井的开发得到世界各油气公司的大力支持，水平井爬行器也应运而生。自 1994 年 Welltec 公司研发出一种水平井爬行机器人并在 1996 年进行了井下试验后，水平井爬行器便开始迅猛发展，其性能不断提高，结构不断优化，功能也变得多样化。

由于在水平井中空间非常狭小，油气混合环境恶劣，爬行器要到达预定位置要求很高，其整体结构必须满足控制迅速、负载能力强、环境适应性好、设计强度高等要求。从发展到现在，可以划分出下面四种不同类型的水平井爬行机器人：以抓靠臂伸缩前进的蠕动机器人、以滚动轮转动前进的爬行轮机器人、以履带形式前进的履带机器人和以螺旋形式前进的推进式机器人，这几种前进方式的机器人分别适用于不同井径大小的水平井，也各自有不同的特点。

按照爬行方式对市面上各爬行器进行分析总结可以发现，Welltec 爬行机器人(见图 3-9)是世界上第一个设计成功的爬行机器人，并在 1994 年对其开展了负载能力、爬行速度的物理样机试验。1996 年，Welltec 公司和挪威国家石油公司合作，使用 Welltec 爬行机器人在北海油田完成历史上第一场水平井的测井工作。其后，Welltec 公司根据北海油田测井数据在澳大利亚也开展了水平井段井下测井任务。2000 年后，Welltec 公司又在世界各大地区及油气井中开展了大面积的水平井测井工作。

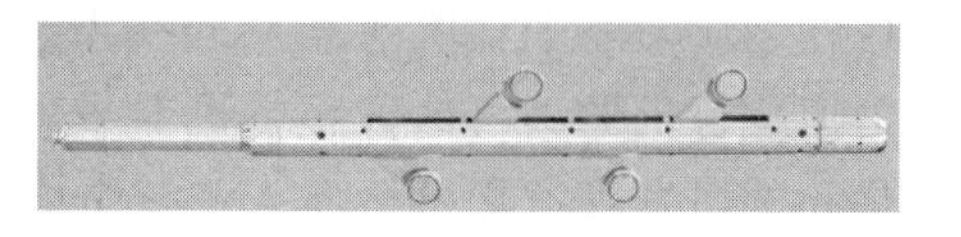

图 3-9 Welltec 爬行机器人

Sondex 公司设计制造的爬行机器人

与 Welltec 爬行机器人结构相似，使用爬行轮作为驱动方式，与 Welltec 公司的轮式爬行机器人不同的是多了两个扶正机构。该爬行机器人使用模块化设计，主要由缆线转接模块、扶正模块、爬行模块、电机驱动模块等组成。我国在 2003 年引进 Sondex 爬行机器人(见图 3-10)，并在塔里木盆地开展测井工作，得到了我国油气水平井井下的测井数据，获得宝贵的水平井测井工况材料。

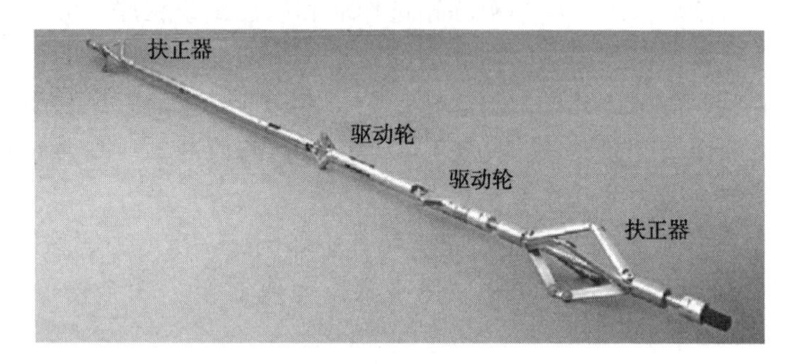

图 3-10　Sondex 爬行机器人

Maxtrac 爬行机器人(见图 3-11)在上下爪臂上采用特定的具有自锁功能的凸轮机构，能够自动锁紧，适应不同井壁的大小，而且在井径大小变化不大时，支撑臂可以不用来回运动就可以使爬行机器人进行爬行工作。在支撑臂中间设置了一组连杆机构，可以调整支撑臂在伸出时的角度，适应不同井壁表面的粗糙度变化，普遍运用于井下环境恶劣的水平井。相较于其他公司产品，其运用于井下测井工具的运输、环境测试和爬行速度检测时有很高的技术水平。但由于是伸缩式的爬行器，其运动速度不是恒定的。

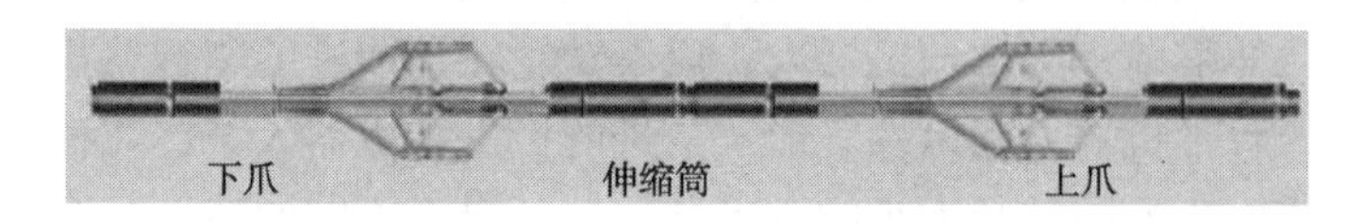

图 3-11　Maxtrac 爬行机器人

而在国内，科研人员分别在引进几款爬行机器人的基础上，针对我国油气井的具体生产环境，对以上几种驱动方式的爬行机器人做了深入研讨，由此得到了一系列成果。最早开始研究的是一种可以在管道内进行爬行运动并进行检测的爬行机器人(见图 3-12)，它不依靠地面提供动力，而是利用管道内的油气混合物的压力差来获取所需要的动力。它是沈阳工业大学于 2001 年研制成功的管道爬行机器人，这种爬行机器人可以在管道中爬行并完成管道的检测任务，是我国研发管道爬行机器人的首个成品，填补了我国在爬行机器人研发道路上的空白。

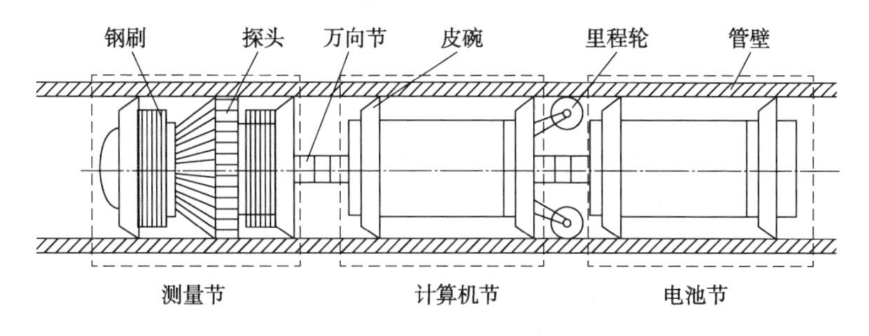

图 3-12　我国研发的管道爬行机器人

长城钻探公司设计出的水平井爬行机器人(见图 3-13)由两大部分组成，地面部分属于控制系统及供电系统，分别对爬行机器人进行井下爬行测井控制和提供驱动动力；井下部分是爬行机器人的运动机械结构，主要由运动单元构成。由于使用地面电脑控制，具有很好的运动姿态和测井控制效果。2008 年，长城钻探公司完成物理样机的改进工作，并开展了样机实验，进行了各种测井仪器的送入测井工作，为我国在水平井井下工作弥补了井下数据的不足。

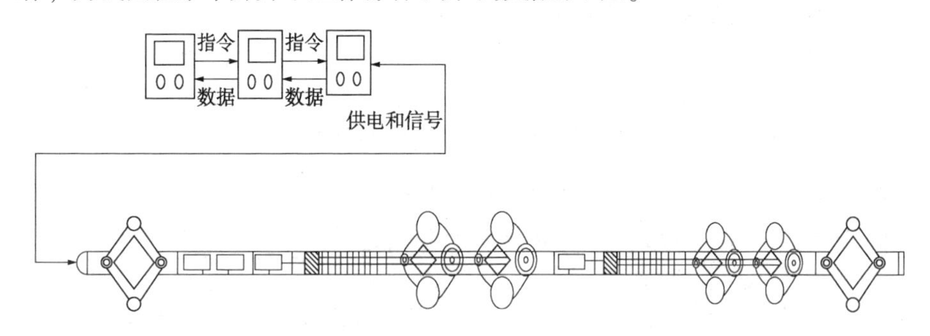

图 3-13　水平井爬行机器人

图 3-14 所示是中国石油大学(北京)研发的新型爬行机器人的结构简图，两侧使用了根据平行四边形原理设计的爬行及定心装置，有效解决了爬行机器人在井下的轴向居中问题，而且使用了非线性弹簧对支撑臂进行了适应性调整，通过支撑臂的调节机制使爬行机器人保持在井下轴线上，具有很高的可靠性。在该爬行机器人的基础上，中国石油大学(北京)周进辉等研制的水平井自扶正式电缆爬行机器人和哈尔滨工业大学唐德威等人研制的井下电机驱动爬行机器人也应运而生。

长江大学也成功设计出一种新的爬行机器人。该爬行机器人利用机构中的螺杆进行传动，以外界油液混合物作为动力，不需要其地面提供能源就能运动，这种节约动力的井下爬行机器人，使得其工作距离在水平井中能够延伸很远。在工作时，利用井下油液混合物，以及自身结构的运动完成整体螺旋前进，但是该爬

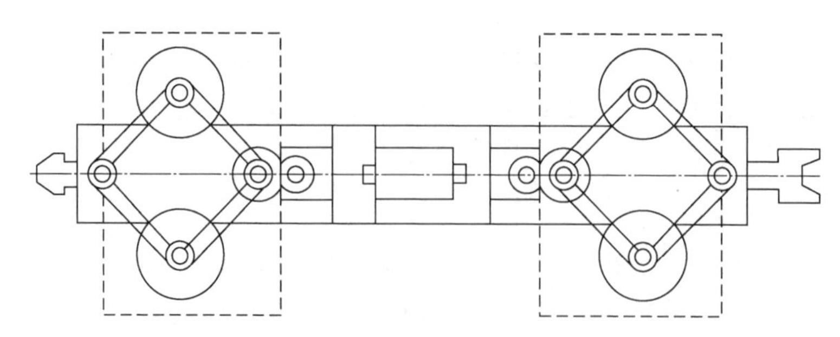

图 3-14　中国石油大学(北京)设计的新型爬行机器人

行机器人使用纯机构及井下压差实现运动，对环境的要求较高，不适用于未知水平井的测井工作。

图 3-15 所示为西华大学针对我国川渝地区长水平井段情况，设计的一款适用于川渝地区水平井井况的爬行机器人。考虑到爬行机器人的工作环境，在利用 O 形圈进行密封的同时与滑环组合密封相互结合，对爬行机器人中的运动部件进行组合动密封，使用有限元分析直角滑环密封工作过程中的密封性能，分析结果表明直角滑环密封随密封间隙减小整体应力增大，随外界压力增大接触应力也增大；在外界压力达到 60MPa，密封间隙大于 4mm 时，滑环组合整体应力小于材料许用应力，此时滑环密封处于安全状态，能够对爬行机器人各部件进行有效密封，完成爬行机器人在高温高压环境中工作的密封任务。

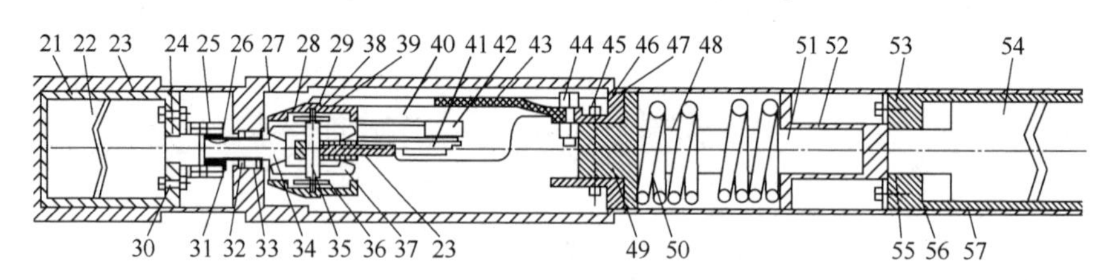

图 3-15　西华大学设计的爬行机器人

21—电机套筒；22—电机及减速器；23—外壳；24—滑环；25—联轴器；26—平键；27—外壳；28—齿轮罩；29—轴承端盖；30—螺栓；31—挡圈；32—深沟球轴承；33—套筒；34—小锥齿轮；35—轴；36—链轮；37—大锥齿轮；38—轴承；39—台阶环；40—爬行臂；41—保护壳；42—爬行轮；43—推靠臂；44—双头螺柱；45—连接板；46—O 形圈；47—密封圈；48—中轴；49—端盖；50—压缩弹簧；51—弹簧座；52—推杆；53—液压套筒；54—液压缸；55、56—密封环；57—整机外壳

3.2.3　旋转式井壁取心机器人

随着页岩气开发工作的进行，页岩气装备制造产业迎来重大发展，取心工具的研制也得到更大的重视与投入。旋转式井壁取心工具利用自身携带的取心钻头从井壁上切取一段圆柱形岩心，并将其储存至储样机构中。井壁取心所取岩心质量好，可直接进行岩性、电性、含油性分析化验，且施工简便、成本较低，发展

前景较大。

取心机器人(见图 3-16)的工作环境比较狭窄，特别是径向尺寸上的限制，故而在设计机器人时，必须采取功能单元串联的方法。即将取心机器人按功能划分为若干个单元，每个单元实现一项功能，最后将所有单元组装成整个机器人系统。取心机器人机械系统主要包括轮式驱动机构、取心机构、旋转接头和扶正机构。牵引单元中的轮式驱动机构为机器人的前进提供动力，并且具备调节动力大小的功能；取心机构负责钻取、折断并存储岩心；旋转接头用于防止电缆发生缠绕，扶正机构确保机器人位于水平井的中心位置。

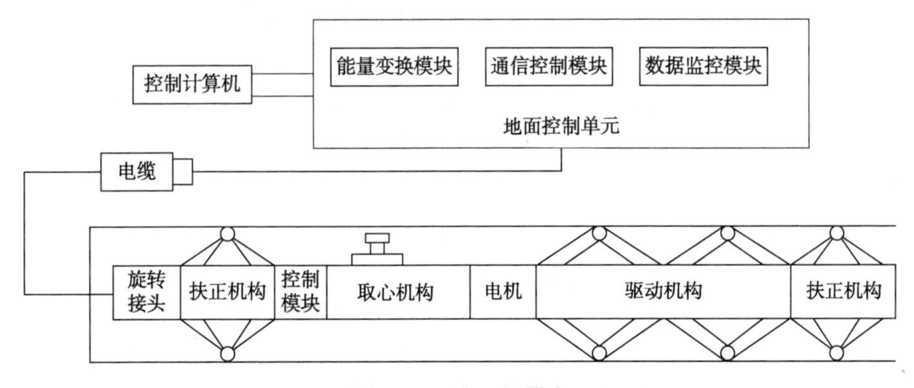

图 3-16　取心机器人

将取心机器人从地面放入井中，然后由地面控制单元进行启动。取心机器人首先依靠自身重力下降一段距离，待到不能依靠重力下落时，扶正机构展开，将机器人定位到井中心线位置；然后机器人的驱动电机开始工作，驱动轮转动，带动机器人前进；到达指定位置后，取心机构首先进行推靠，使机器人与井壁贴紧，然后利用液压取心马达的旋转，从井壁上取出岩心。取心完成后，由取心机构中的折心杆折断，并由推杆推入储心筒中。然后推靠臂收回，机器人恢复取心之前的位置，继续前进并按前面的流程完成取心任务。

3.3　陆上油气田勘探机器人

陆上油田勘探主要分为地质勘探和物探两个步骤。为了方便勘探，许多国家、企业着手研究勘探机器人。目前，比较有名的勘探机器人有以下几种。

3.3.1　检波器埋置机器人

反射波法是目前最主要的地震勘探方法。美国 GIT 公司设计了一款检波器埋置机器人(见图 3-17)，解决了大量地震道对陆上工作人员需求过多这一问题。

图 3-17　检波器埋置机器人

其最初的设计理念就是设计一款可以获得陆上及过渡区带数据的新型地震检波器。通过将检测程序、地震记录系统、节点部署和节点位置移动的智能化，使效率提高。利用自动装置在固定时间内不仅能使生产力翻倍，更能节省 10%～15%的成本。该装置上配有 6 个药筒，每个药筒可以充填 8 个节点。设备可以根据地形自动调节平衡以确保节点是垂直埋入的。节点的独特设计可以确保其连接正常，并有效减少噪声带来的干扰。这种节点适用于各种不同位置的系统。GNSS 和 GPS 可以精确定位及计时。该设备还具有蓝牙功能可以与手机设备进行连接，随之连接无线网络通过高频电波或是附近的无线设备及时更新装置的性能状态并将数据传送回主数据库。

3.3.2　油气储层探测机器人

沙特阿拉伯阿美石油公司提出并研发了一种基于化学分子系统和机械系统有机结合的，以辅助探测油藏中被遗漏发现的油气的机器人。理想的油气储层探测纳米机器人(见图 3-18)是尺寸不到人类发丝直径 1/100 的功能性纳米器件，可以随注入水进入地层，沿途感知并实时记录油气储层探测及流体信息，包括油气储层探测温压、孔隙形态及流体类型、黏度等，并将这些信息存储起来或实时传送到地面，在生产井中随原油产出并回收循环使用。该机器人于 2010 年 6 月首次成功地进行了现场测试。测试结果证实了纳米机器人的回收率非常高，且在纳米机器人上附带的流体具有很好的流动性和稳定性。油气储层探测纳米机器人探测技术的空间分辨率远高于地震、测井和岩心三维扫描分析，可对整个油气储层探测及流体针对性地定量分析。由纳米机器人获取的数据经分析后可用于辅助圈定油气储层探测范围，绘制油气储层探测裂缝和断层特征图，识别和确定高渗流通道，准确描述油、气、水空间分布以及剩余油气位置及品位等信息，确定并优化井位设计和建立有效的地质模型。目前送入油气储层探测的纳米机器人尚无多功能探测及运动能力，预计下一代油气储层探测纳米机器人将拥有多参数识别传输功能，甚至具备驱油能力[12]。

图 3-18　油气储层探测纳米机器人

3.3.3 海下油气田勘探机器人

海下石油勘探步骤与陆上类似，勘探过程中使用的机器人主要是水下机器人或称为潜水器 ROV。通过配置摄像头、多功能机械手，携带具有多种用途和功能的声学、光学探测仪器以及专业工具进行各种的水下勘探作业任务[13]。

3.3.3.1 国外海下油气田勘探机器人

我国 ROV 起步较晚，使用的产品主要由国外进口。国外应用较多的 ROV 主要有以下几种。

（1）Magnum

Magnum(见图 3-19)是由美国 Oceaneering 公司研制的一款按侧入式笼式部署的双机械手(如希林泰坦 4 号、希林司钻)ROV。缆绳管理系统(TMS)可为潜行额外提供 60hp(马力)的动力。Magnum 具有自动导航功能，工作水深达 3000m，能在恶劣天气条件下正常工作。

（2）Perry XLX-C

Perry XLX-C(见图 3-20)是一款由美国 Forun 公司研制的紧凑型重型工作级液压 ROV。工作水深为 3000m(有 4000m 型)。共有 8 个摄像头、6 个独立可调灯、避障声呐或多波束声学摄像头、深度传感器、希林泰坦 4 号 7 功能操纵器、希林司钻 5 功能抓取器等标准设备。

图 3-19　Magnum

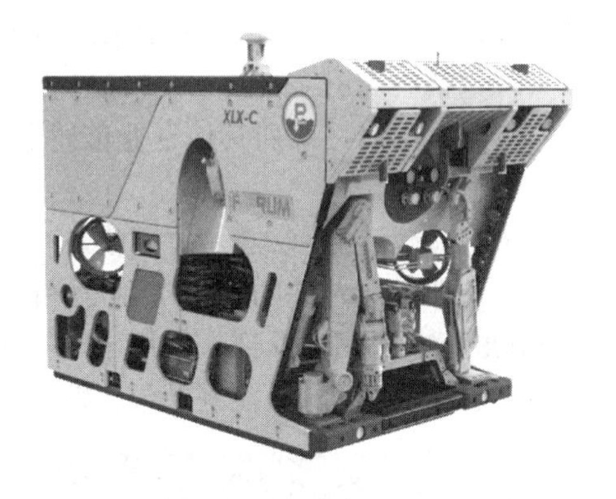

图 3-20　Perry XLX-C

（3）Quasar

Quasar(见图 3-21)是由英国 SMD 公司研制的一款紧凑型 ROV。能进行勘测作业、高要求的施工或打捞工作，其作业深度达 6000m。其可以配备 SMD 的 DVECSII 自动动力定位系统、声呐锁定和结构轨道等。该 ROV 能快速高效地连接高清摄像头以及串行和以太网仪器。其他功能包括全面的实时诊断、数据记录和远程连接。

（4）Schilling UHD-Ⅱ

Schilling UHD-Ⅱ（见图 3-22）是由美国希林公司研制的 200 马力超重型 ROV。其作业深度达 5000m。拥有先进的自动控制模式，配有千兆以太网，用户可以配置数字遥测系统，能容纳任何配置的传感器和摄像机。

图 3-21 Quasar

图 3-22 Schilling UHD-Ⅱ

（5）FCV3000

FCV3000（见图 3-23）是由荷兰 Fugro 公司开发的 3000m 级的 ROV，拥有 3.2 纽结最高前进速度和高功率矢量推力设计。FCV3000 的核心是包含 Fugro 自己设计和制造的 SMFO 多路复用器在内的经 Fugro 验证的基于单模光纤技术的控制和通信系统，能提供极高的数据吞吐量，并具有在光纤故障时切换的功能。其数据高速公路可容纳高达 20GB 的数据，足以运行 ROV、TMS（中断器）、3 个高清摄像头，包括双 MBE（如 Reson 7125）在内的完整测量数据套件，并且同时仍有足够的空间来操作一系列其他专业传感器。

（6）WR200

WR200（见图 3-24）是由挪威 IKM 公司开发的 3000m 级 ROV。采用开放式框架设计，拥有最先进的水动力能力和市场上最高规格的冗余设计。该技术拥有 100000h 运行时间的验证。其用于电气和液压操作工具的接口完全内置，还拥有采用动态定位系统的灵活控制平台。整个 ROV 采用少油的绿色设计，对环境污染小。

图 3-23 FCV3000

图 3-24 WR200

3.3.3.2 国内海下油气田勘探机器人

近年来，我国深海潜水器的自主研发不断发展，其中适合勘探的ROV有以下几种：

（1）潜龙三号

潜龙三号（见图3-25）是由中国科学院沈阳自动化研究所和国家海洋局第二海洋研究所研制的4500m级自主潜水器，是在潜龙二号基础上进行的优化升级。国产化程度更高，惯性导航传感器及组合导航系统、高清照相机等核心部件由进口改为国产；降低了电子设备的功耗，潜龙三号最长工作时间高达40多个小时；系统噪声有所降低、效率更高、抗流能力得到加强；声学成像质量得到相应提高[14]。具备微地貌成图、温盐深探测、甲烷探测、浊度探测、氧化还原电位探测等功能，能在深海复杂地形进行资源环境勘查。

（2）海龙Ⅲ

海龙Ⅲ（见图3-26）是由上海交通大学水下工程研究所开发的勘查作业型无人缆控潜水器。其最大作业水深6000m，纵向和侧向推力达到1000kgf；采用单机双泵系统，具有丰富的用户接口和强大的设备搭载能力，可以搭载虹吸式取样器、深海小型钻机等重型取样作业工具和各种高速网络接口的科学调查设备；具有强大的海底勘探、调查和取样能力，通过搭载的高清摄像机和照相机进行近底高清观测，利用机械手完成水下精细取样和辅助作业；同时，ROV还配置了光纤惯性组合导航系统，具备海底精细巡线调查能力，能够降低操作手作业负担，提升海底勘探和调查效率[15]。

图3-25 潜龙三号

图3-26 海龙Ⅲ

3.3.4 地下油气田开采机器人

天然气也同原油一样埋藏在地下封闭的地质构造之中，有些和原油储藏在同一层位，有些单独存在。和原油储藏在同一层位的天然气，会伴随原油一起被开采出来。对于只有单相气存在的天然气，其开采方法与原油的开采方法十分相似。由于天然气密度小，井筒气柱对井底的压力小；天然气黏度小，在地层和管道中的流动阻力也小；又由于膨胀系数大，其弹性能量也大。因此天然气开采时一般采用自喷方式。这和自喷采油方式基本一样。不过因为气井压力一般较高，加上天然气属于易燃易爆气体，对采气井口装置的承压能力和密封性能比对采油井口装置的要求要高得多。

3.4 自动钻井机器人

目前在油气开采过程中，主要运用到的机器人是自动钻井机器人或称为自动垂直钻井(简称垂钻)工具。自动垂钻工具主要由两大部分构成：稳定平台(控制单元)和执行机构(纠斜单元)。稳定平台是控制自动垂钻工具实现测斜与纠斜作用的动态稳定控制系统。执行机构的作用是对稳定平台的控制信号做出响应，为钻头提供降斜所需的作用力与转角。如果把稳定平台看作自动垂钻工具的“大脑”，则执行机构就是自动垂钻工具的“四肢”。自动垂钻工具分类方式众多，主要分为以下 6 种[16]。

(1) 按照执行机构的纠斜方式分类

按照执行机构的纠斜方式，可将垂钻工具分为推靠式与指向式两种。推靠式也称偏置钻头式，采用作用力控制法。在纠斜过程中，近钻头处的推靠翼肋伸出，推靠井壁使钻头产生侧向切削力，该侧向力起主要导向作用。而指向式也称倾斜钻头式，采用位移控制法。其原理为：通过偏置机构在两端有轴承支撑的旋转心轴上施加一定的作用力，使心轴产生一个挠度，从而使旋转钻柱的轴线与井眼轴线之间产生夹角，主要利用钻头的转角实现纠斜。推靠式与指向式垂钻工具的工作原理如图 3-27 所示[16]。

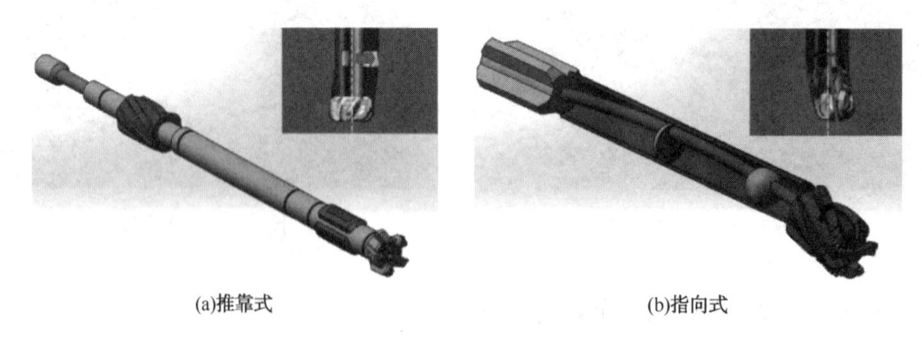
(a)推靠式　　(b)指向式

图 3-27　推靠式与指向式垂钻工具工作原理

推靠式垂钻工具的优点是钻头侧向力大、降斜率高，但所钻井眼轨迹波动较大，井壁表面不平滑，容易出现井眼螺旋化和扩径问题，与之配套使用的钻头与

钻头轴承磨损较严重。指向式垂钻工具的优点是：井眼狗腿度小、轨迹平滑，钻进时振动较小，工作时不依赖于井壁，不受井眼扩径影响，在松软地层中的钻进效果比推靠式好，造斜率稳定。其缺点是与推靠式相比降斜率较低。此外，指向式垂钻工具内部布置有心轴，心轴在钻进时需要承受扭矩与交变应力作用，内部还要为钻井液提供输送通道，因此对材料的力学性能及加工精度要求较高，贯穿整个系统的心轴还会占用钻具中心部位大量空间[16]。

当今世界各大油服公司主要采用推靠式原理作为其垂钻工具的纠斜方式，具有代表性的有斯伦贝谢(Sehlumberger)公司的Power-V系统、贝克休斯(Baker Hughs)公司的VertiTrak系统以及哈里伯顿(Halliburton)公司的V-Pilot系统(见图3-28)。采用指向式原理设计的仅有威德福(Weather-ford)公司的Revolution-V系统[16]。

(a)Power-V系统

(b)VertiTrak系统

(c)V-Pilot系统

图3-28 Power-V系统、VertiTrak系统、V-Pilot系统

(2) 按照执行机构是否旋转分类

按照执行机构是否旋转，可将垂钻工具分为动态式(调制式)与静态式(滑动式)两种。动态式是指执行机构在钻进过程中与钻柱一起旋转，稳定后平台控制执行机构推靠将翼肋旋转到井眼方位时提供导向力。静态式的执行机构在钻进过程中不与钻柱一起旋转(或以极小的速率旋转)，而是相对稳定在某一固定的方位上提供导向力。上述动态式与静态式垂钻工具原理如图3-29所示[16]。

动态式的特点：钻井过程中所有部件一起旋转，减小摩擦阻力解放钻压并能提高井眼的清洁效率，大大降低了卡钻风险。但工具工作时震动较大，钻出的井眼质量较差，推靠翼肋磨损较严重，且转速不宜过高[16]。

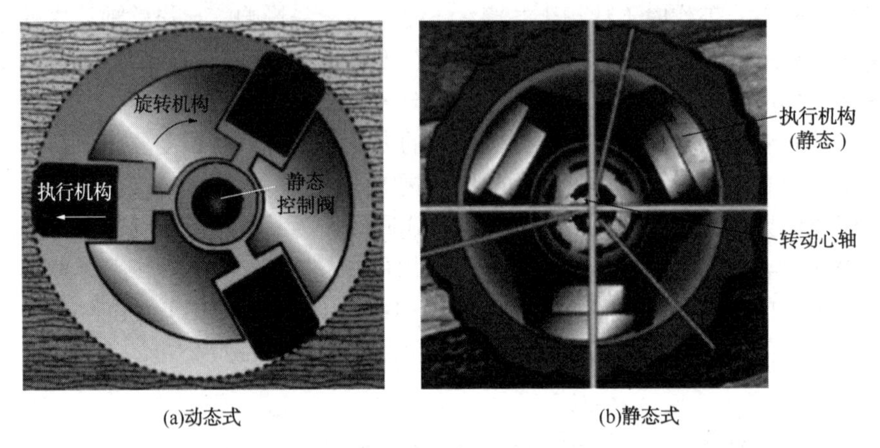

(a)动态式　　(b)静态式

图 3-29　动态式与静态式垂钻工具

静态式的特点：执行机构外部不旋转，中间部位的心轴上接钻柱、下接钻头，起到传递钻压、扭矩以及输送钻井液的作用，可配合井下动力钻具进行复合钻井，减小机械能耗，减轻井下震动，能够使钻头钻出较为光滑的井眼，并且减轻钻具对套管的磨损，推靠翼肋的磨损程度同样较低，但心轴占用空间大，结构复杂，小型化能力较差[16]。

(3) 按照推靠翼肋的结构及打开方式分类

执行机构与井壁间的相互作用通过推靠翼肋实现，推靠翼肋在执行机构中相当于"手"的作用，因此俗称为"巴掌"。按照推靠翼肋的结构及打开方式，可分为门式(侧开式、上开式)和按钮式。门式结构通过铰链连接执行机构主体和推靠翼肋。门式结构中，侧开式铰链为纵向布置，长度不受工具直径影响，可用于较小直径的垂钻工具；上开式铰链为横向布置，其长度受工具直径影响较大，主要应用于大直径垂钻工具中。门式的推靠翼肋绕铰链转动开闭，因此对铰链强度要求较高，但门式结构开闭时间较短，适用于动态推靠式垂钻工具。按钮式结构推靠翼肋采用整体伸缩方式进行开闭，相对于门式结构较为复杂，且开闭时间较长，但整体强度较高，主要适用于静态推靠式垂钻工具[16]。

(4) 按照稳定平台的结构分类

按照稳定平台(控制单元)的结构，可将垂钻工具分为机械式和电控式。前者采用钟摆总成或偏重机构所受的重力或重力产生的偏心矩监测井斜，并带动机械阀门控制下部执行机构的动作。电控式则采用高精度的传感器(三轴加速度计、磁通门)监控井斜并通过电磁阀或电机带动盘阀对执行机构进行控制[16]。

机械式的特点：结构设计简单，不含电子元件，降低了钻具对密封的要求，设计、制造及后期维护成本低，可靠性高，耐高温能力强，能够承受强烈的振动与冲击，但受制于先天性因素的影响，其控制精度相对较低。

电控式的特点：控制精度高，但设计复杂，成本较高，电控元器件对密封性要求高，耐温及抗振能力较差，在井下复杂环境下易损坏。

(5) 按照稳定平台是否随钻柱转动分类

按照稳定平台是否随钻柱转动可将垂钻工具分为稳态式与捷联式。稳态式是指垂钻工具中有一相对于钻柱旋转而处于静止状态的稳定测控平台，使其测量与控制过程均处于相对稳定的状态；捷联式是指测控平台与工具外壳固连在一起，工作时随钻柱一同旋转，测控平台依靠高灵敏度、高测量带宽的传感器配合复杂的控制运算来实现测控功能。

稳态式的控制运算较简单，比较适合复杂的井下工况，目前世界上投入商业应用的垂直钻井工具大多使用这种方式进行测控。与之相比，捷联式由于其复杂的控制运算并不适用于井下复杂工况，所以在现有垂直钻井工具中应用较少。

(6) 按照执行机构推靠力的来源分类

按照执行机构推靠力的来源，可将垂钻工具分为电控液压式、钻井液压差式以及电机驱动式。电控液压式采用电控阀门控制液压系统对液压油或经过滤后的钻井液进行加压，并将此压力作为执行机构的推靠力来源。钻井液压差式执行机构的推靠力来源于钻柱内外的钻井液压力差，该压力差主要由钻头压降产生。电机驱动式执行机构采用电机带动丝杠旋转产生轴向位移从而带动连杆将推靠翼肋推出。

电控液压式的结构设计比钻井液压差式复杂，占用体积大，但控制精度高，产生的推靠力持续且稳定。钻井液压差式垂钻工具推靠力大小受钻井泵排量、钻井液性能及钻头喷嘴尺寸影响较大。电机驱动式由于驱动力较小、稳定性差，所以目前仅处于样机设计阶段，尚未投入商业应用。

3.4.1 国外自动钻井技术

自动垂钻工具最早起源于20世纪80年代末期进行的德国大陆超深钻井计划项目。该项目中井的设计深度近万米，所钻深部地层很多都是结晶岩，地层倾角可达60°，自然造斜力极强。贝克休斯公司1988年为该计划研制成功垂直钻进系统(Vertical Drilling System，VDS)，解决了KTB计划中遇到的井斜问题。主孔钻进至6700m时，钻孔顶角基本控制在1°范围内，孔底水平位移仅有4m。在VDS的研制过程中，从首例样机开始，先后经历了3代共计5个型号的垂直钻井系统。

(1) VDS

VDS-1执行机构采用静态推靠式设计，推靠翼肋为按钮式，配合电控稳态式稳定平台，应用电控液压方法作为推靠力的动力源。该系统属于 KTB 钻井最初的试验性产品。其工作原理为：当钻具未发生偏斜时，4 个导向活塞均处于收缩状态，发生井斜时井斜数据由井斜传感器测量并反馈到装置的微处理器单元，微处理器单元经过计算，发出控制命令给液压阀，由液压阀控制高压钻井液驱动活塞运动，从而控制导向翼肋伸缩。当导向块向外伸出时推靠井壁，产生作用于旋转轴上的纠斜导向力，使下部钻头产生用于纠斜的侧向切削力。在该系统中测斜传感器和微处理器单元等通过内置电池进行供电。

VDS-3 是首款应用于 KTB 的自动垂钻系统，其结构形式与 VDS-1 相近，但有 3 个主要区别：其一是电子部分，VDS-3 用数字电路取代了 VDS-1 的模拟电路；其二是导向翼肋的结构形式，VDS-3 的导向翼肋不直接作用于井壁，而是作用在内部的旋转中轴上；其三是 VDS-3 系统具有独立的液压系统，因此 4 个导向活塞内的钻井液压力可以独立控制，控制精度比 VDS-1 更高。VDS-3 在钻进时有时会引起悬挂现象。为了解决这一问题，并使 VDS 能应用于井径扩大的井眼，贝克休斯公司进一步研制了 VDS-5 系统。VDS-5 结构与 VDS-1 相似，适用于 ϕ375~445mm 范围内的井眼。VDS-5 与 VDS-1 相比，其改进之处体现在系统中机械、液压及电子组件严格分开，此举不仅提高了系统的可靠性并且还便于维护。另外，VDS-5 还采用了井下交流发电机来代替抗高温电池，使系统有更好的环境适应性和更长的井下工作时间。

（2）SDD 系统

VDS 系统在 KTB 计划中的应用虽然很成功，但在使用过程中也存在一些不足之处，主要体现在 VDS 中导向翼肋的驱动力的来源为经液压系统加压的钻井液，钻井液具有颗粒含量高和润滑性能差的特点。将钻井液作为传动介质时，系统的电磁阀及柱塞缸等液压元件容易发生磨损和卡死现象，从而降低系统的可靠性，缩短其使用寿命。随后，贝克休斯公司在 VDS 的基础上进行了改进，在 20 世纪 90 年代中期研制了新的垂直钻井系统 SDD（Straight Hole Drilling Device）。SDD 系统的主要改进在于液压系统和电子线路方面。SDD 中的电磁阀是隔离式，从电磁阀到液压缸活塞之间采用液压油为传动介质，减轻了电磁阀及液压缸等液压元件的磨损，延长了装置的使用寿命。此外 SDD 中导向块的数量也从 VDS 中的 4 个减少为 3 个。自从 SDD 投入应用以后，国际上其他油田服务公司均进行了多种类型自动垂钻系统的研发。由于技术难度较高，目前实际投入商业应用的产品类型并不多，典型的有 3 种类型的产品：第一种是以斯伦贝谢公司的 Power-V 为代表的动态推靠电控式自动垂钻系统；第二种是以贝克休斯公司的 VertiTrak 为代表的静态推靠电控式自动垂钻系统；第三种是以哈里伯顿公司的 V-Pilot 为代表的静态推靠机械式自动垂钻系统。

(3) Power-V 系统

Power-V 系统是斯伦贝谢公司旋转导向系统 PowerDrive 家族中的一员。其执行机构采用动态推靠式设计，推靠翼肋为门式(侧开式)设计，配合电控稳态式稳定平台，执行机构动力源为钻井液压差，可应用于 ϕ140~711mm 范围内的井眼。Power-V 系统主要由两个部分组成，分别是上端的控制单元(Control Unit)和靠近钻头端的偏置单元(Bias Unit)，在两者中间还有一个辅助加长短节(Extension Sub)。Power-V 系统结构如图 3-30 所示。稳定平台的原理为：开泵后，发电机发电，测量系统测量出井底的井斜角，通过控制上、下两个矩发生器的扭矩分配，将其内部的电子控制单元稳定在井眼边方位上，这样无论钻柱如何旋转，稳定平台内部的控制轴都始终对准在井斜方位上。

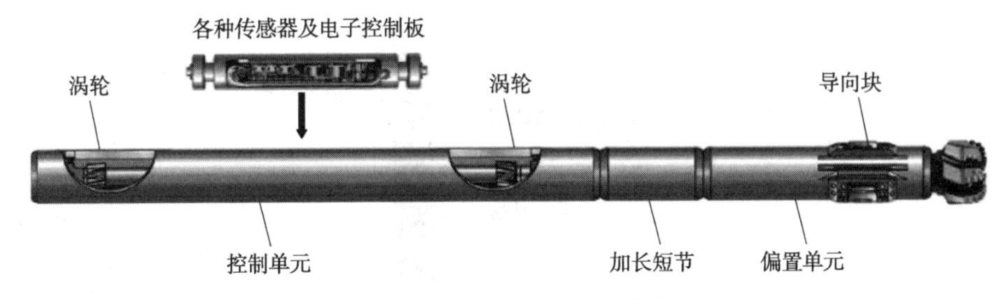

图 3-30　Power-V 系统结构

偏置单元的原理(见图 3-31)为：当下盘阀随着钻柱同步旋转时，3 个高压液流孔依次接通固定于井眼高边方位上的上盘阀弧形孔，有 2%~5%的钻井液首先经过这个导流阀分流，然后流向转到该方位上的某个推靠翼肋 A，使翼肋 A 伸出并推靠井壁，井壁对翼肋产生一个反作用力，从而产生用于纠斜的钻头侧向切削力。该翼肋 A 转过这个位置后，钻井液的压差作用就转向下一个转到这里来的翼肋 B，从而使翼肋 B 在同一方位伸出。而翼肋 A 则会在井壁的挤压下缩回去，每旋转一圈，各翼肋在高压钻井液作用下顺序向外伸出和收缩一次，周而复始，给井眼高边井壁施加一个相对稳定、周期性的推靠力实现降斜。翼肋的伸缩动力由钻头压降来决定，可以由地面人员通过调节排量来控制。加长短节内部装有一个钻井液滤网，其主要目的是使进入推靠翼肋的钻井液保持清洁，以减轻对柱塞缸的磨损。VertiTrak

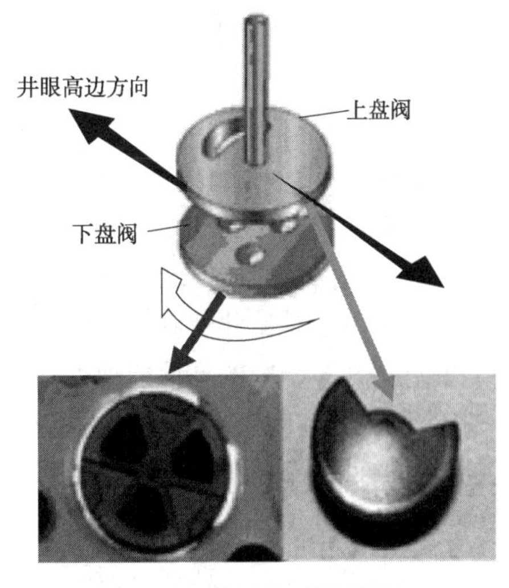

图 3-31　偏置单元原理图

系统与 Power-V 系统一样采用电控式稳定平台，之所以随钻测井控制单元耐温能力不尽如人意，就是因为其含有电子元件，最高耐温仅为 150℃。

（4）VertiTrak 系统

如图 3-32 所示，VertiTrak 系统是贝克休斯公司研制的一款先进的垂直钻井系统。其原理、结构衍生自 VDS 及 SDD，执行机构采用静态推靠式设计，推靠翼肋为按钮式，配合电控稳态式稳定平台，应用电控液压方法产生推靠力，可用于 ϕ216~711mm 范围内的井眼。整个系统主要由 MWD 控制单元、高性能动力马达单元(x-TREME)以及导向机构 3 部分组成。

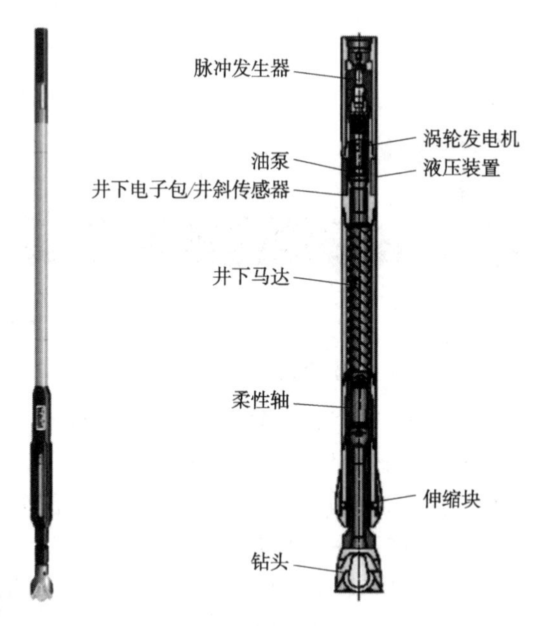

图 3-32　VertiTrak 系统

如图 3-33 所示，MWD 控制单元包括了测斜传感器、涡轮发电机、钻井液脉冲发生器以及液压控制系统等。涡轮发电机的作用是向系统提供电源并驱动液压泵运转。测斜传感器安装在不旋转外套上，用于监测井眼的倾斜。传递井下和井上信息的设备是钻井液脉冲发生器。采用钻井液驱动的 X-TREME 系列马达构成了垂直钻井系统中的高性能动力马达单元。该动力马达单元可提供足够大的扭矩来驱动钻头旋转。导向机构的外套上 3 个环向间隔 120°分布均匀的推靠翼肋，相对于井壁处于静止或缓慢转动状态。3 个独立的液压柱塞缸分别驱动 3 个翼肋推靠井壁，采用矢量控制的方法对 3 个翼肋推靠液压力的大小进行分配，可控制偏置力的大小与方向，使偏置力的方向与井眼高边方向重合。

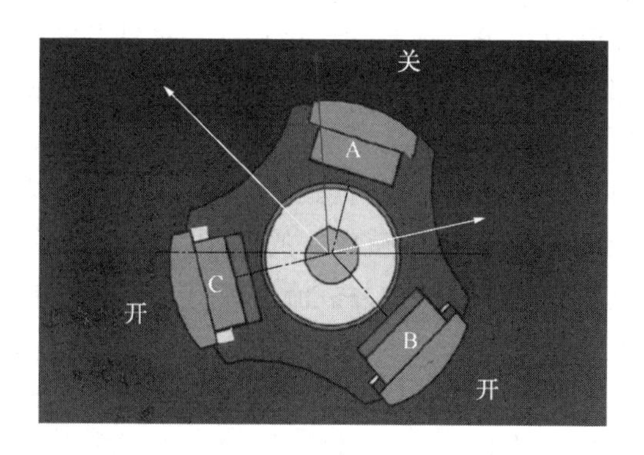

图 3-33 MWD 控制单元原理

近期，贝克休斯公司推出了最新垂钻系统 AutoTrak-V，其耐温能力较 Verti-Trak 系统有所提高。

(5) V-Pilot 系统

哈里伯顿公司于 2007 年推出 V-Pilot 自动垂直钻井系统，如图 3-34 所示。其执行机构采用静态推靠式设计，推靠翼肋为按钮式结构，配合机械式稳定平台，推靠力来源于高压钻井液，适用于 ϕ311~559mm 范围内的井眼。V-Pilot 系统包含动力短节和纠斜短节两个独立部分，可分别运输到井场后再进行组装。

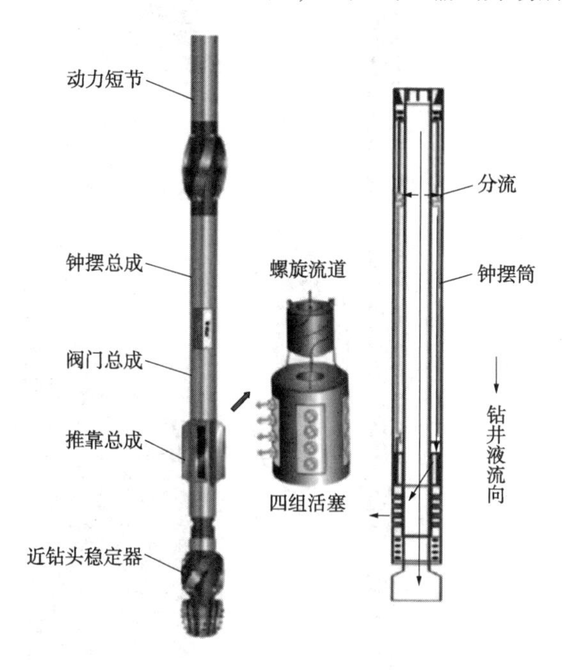

图 3-34 V-Pilot 系统

动力短节主要部分为 GeoForee 马达。该马达通过钻井液驱动将动力传递到下部的垂直钻井设备部分，驱动垂直钻井设备的液压泵对钻井液加压以产生纠斜推靠力。

纠斜短节主要包含钟摆总成、阀门总成及推靠总成 3 个核心部分。该钻具的阀门总成有 4 个轴向均匀分布且相互独立的阀门。在钟摆总成的重力感应作用下，位于阀门总成上部井眼下部的钻井液流道被打开，流入的高压钻井液通过阀门总成内部的螺旋流道导向井眼上部的活塞腔，将活塞和翼肋推出。此外，V-Pilot 系统还采用了创新的推力总成设计，其中包括 4 组均匀分布的活塞，每个活塞沿轴向等距排列。进一步提高了钻具的校正能力，同时带动翼肋对井壁的推力，获得的推力是单个活塞的 4 倍。

（6）Vertical Scout 自动垂直钻具

Scout Downhole 公司的 Vertical Scout 机械式自动垂直钻具结构原理与 V-Pilot 系统类似，适用于 ϕ152~660mm 的井眼。经过 10 余年的发展，现已研发出 8 代产品。该钻具主要由心轴、止推轴承、钟摆机构、推靠机构及静止外套等组成，其结构如图 3-35 所示。

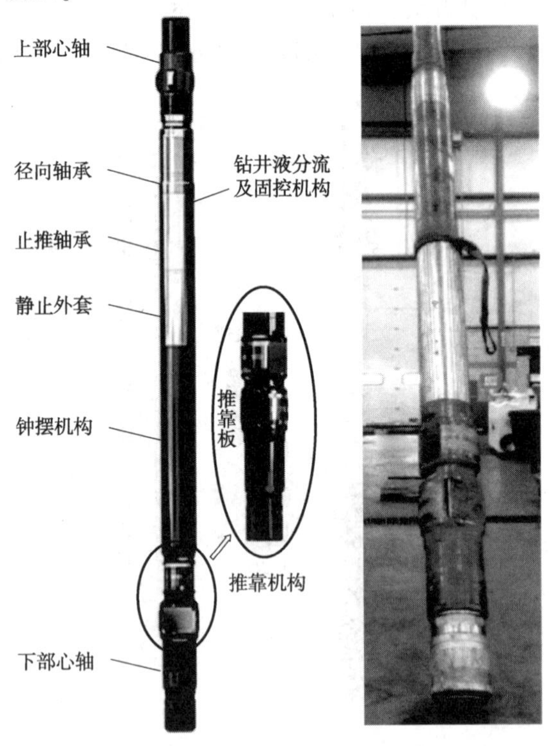

图 3-35　Vertical Scout 自动垂直钻具

与 V-Pilot 系统结构不同的是：Vertical Scout 自动垂直钻具的推靠机构包含双层呈十字交叉排布的 4 个推靠翼肋，每层 2 个推靠翼肋组成一个整体推出单元，可前后滑动推出并互为限位。推靠翼肋与井壁接触部分采用网弧面设计，其半径与井眼半径一致，使推靠翼肋与井壁始终保持大面积接触，这样在提升钻具工作稳定性的同时也减轻了推靠翼肋的磨损。

（7）Revolution-V 系统

威德福公司的 Revolution-V（见图 3-36）系统与上述系统原理结构差异较大。它采用指向式原理进行纠斜，适用于 ϕ149～559mm 范围内的井眼。

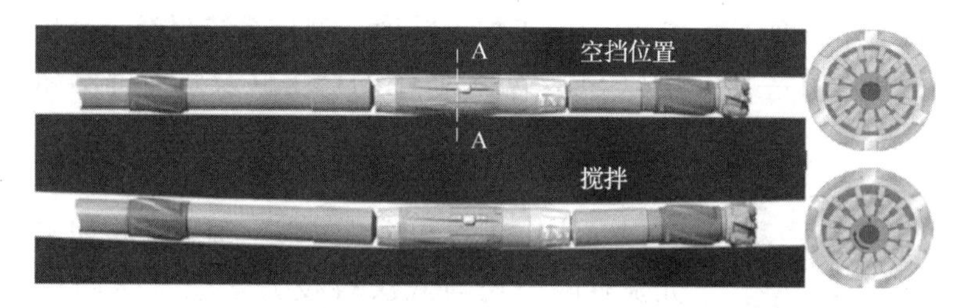

图 3-36　Revolution-V 系统

当系统没有检测到井斜时，执行机构处于空挡位置，驱动主轴与非旋转外轴同心，系统处于稳斜钻进状态。发生井斜时，12 个独立的液压活塞分别作用于主轴，驱动主轴中心线偏离外筒中心线向井眼高边方向移动，使钻头指向井眼低边方向而进行纠斜作业。

3.4.2　国内自动钻井技术

虽然国外在自动垂直钻具领域有了成熟的设计和应用，但国外公司对我国采取技术封锁措施，垄断了技术服务市场。为此，研究具有自主知识产权的自动垂直钻具不仅可以满足国内油气勘探开发与深部地质钻探的需要，而且还可以打破国外的技术垄断，提升国内钻井技术的市场竞争力。当前，国内已有多家单位致力于自动垂钻工具的研究和开发，有的已经试制出样机，并进行了功能试验，在局部领域取得了一定成绩，但整体技术水平与国外仍存在较大差距。

（1）SL-AVDS 系统

SL-AVDS 系统（捷联式自动垂直钻井系统）由中石化胜利石油工程有限公司钻井工艺研究院研制。其工作原理与 Power-V 系统类似，适用于 ϕ216～311mm 范围内的井眼。该系统主要由发电机、基于旋转基座的测控短节、力矩电机和防斜纠斜执行机构等 4 部分组成，结构如图 3-37 所示。

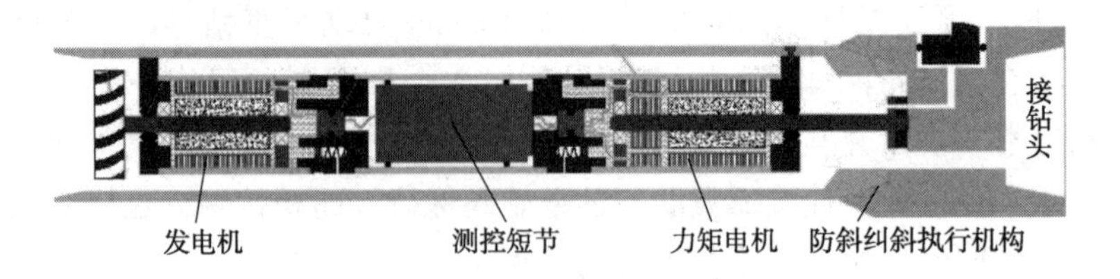

图 3-37 SL-AVDS 系统

与 Power-V 系统不同的是，SL-AVDS 系统的稳定平台采用捷联方式与钻具外壳刚性连接，工作时随钻柱一起旋转。采用的电控式稳定平台内部含有电子元件，其最高工作温度仅为 100℃。由于加工精度、测控系统耐温、耐压、抗震能力与国外技术存在差距，所以 SL-AVDS 系统的稳定性及寿命都不如 Power-V 系统。

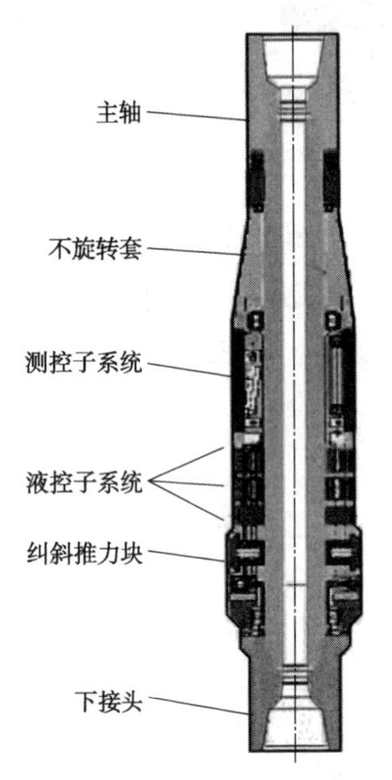

图 3-38 CGVDS 系统

(2) CGVDS 系统

CGVDS 垂直钻井系统由中国石油集团工程技术研究院有限公司与武汉科技大学联合研制，其原理与 VertiTrak 系统相近。该系统适用于 ϕ311mm 井眼，主要由执行单元、控制单元和测量单元组成，结构如图 3-38 所示。与 VertiTrak 系统不同的是，该系统由旋转钻柱提供动力，以钻柱与不旋转套的相对运动推动柱塞泵，将钻柱机械能转化为液压能，形成液压系统内的高压油源。CGVDS 系统与 VertiTrak 系统的差距同样体现在稳定性及寿命上。

(3) BH-VDT5000 系统

2004 年以来中国石油渤海钻探工程有限公司工程技术研究院与德国智能钻井公司合作研发了 BH-VDT5000 垂直钻井系统。BH-VDT5000 垂直钻井系统工作原理与 VertiTrak 系统类似，适用于 ϕ445mm 井眼。该系统主要由井下闭环控制系统、供电与信号上传系统两部分组成，结构如图 3-39 所示。

与 VertiTrak 系统不同之处在于，BH-VDT5000 系统的执行机构周向均匀分布有 4 个推靠翼肋，并将钻井液作为液压系统中传递能量的介质。BH-VDT5000 系统借鉴了国外部分先进技术，因此稳定性相对较高，寿命较长。

(4) XD-AVDS 系统

XD-AVDS 垂钻系统由中国石油西部钻探钻井工程技术研究院研制，其工作原理与 VertiTrak 系统类似，适用于 ϕ311mm 井眼。该系统由液压模块、电源模块、测控模块、涡轮发电机以及执行机构组成，结构如图 3-40 所示。

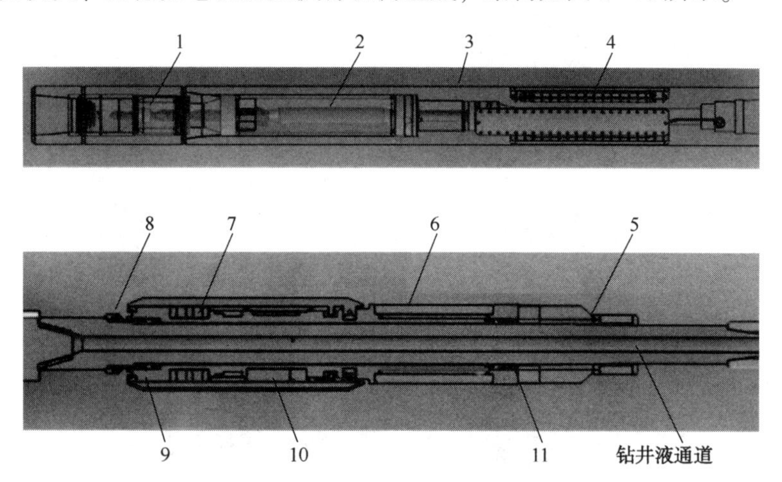

图 3-39　BH-VDT5000 系统

1—主阀；2—发电机；3—集成短节；4—电路板；5—上动密封元；6—电控系统；7—导向液缸；8—下动密封元；9、11—轴承；10—液压泵

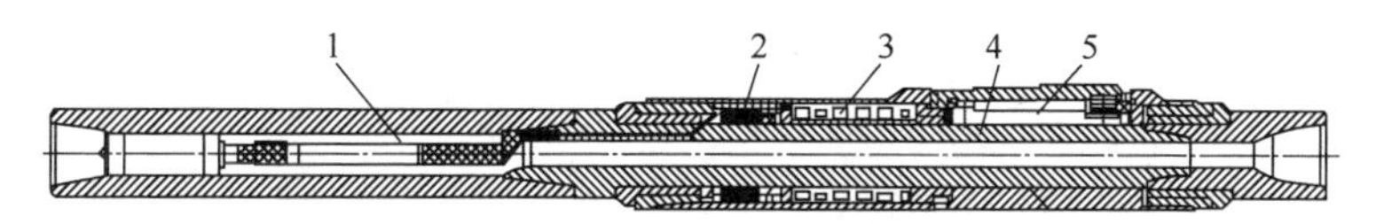

图 3-40　XD-AVDS 系统

1—涡轮发电机；2—电源模块；3—测控模块；4—心轴；5—执行机构

与 VertiTrak 系统不同的是，XD-AVDS 垂钻系统的推靠翼肋为上开式结构设计，其最高工作温度仅为 125℃。目前，XD-AVDS 垂钻系统已完成室内测试及现场测试，但井下数据的传输问题仍待解决。

(5) UPC-VDS 系统

针对 SL-AVDS 垂钻系统耐温能力差的问题，中石化胜利石油工程有限公司钻井工艺研究院研制出 UPC-VDS 垂钻系统。该系统在 SL-AVDS 系统的基础上另辟蹊径。采用机械式稳定平台取代电控式稳定平台，使工具的耐温能力得到提高，但纠斜精度略有下降，适用于 ϕ311mm 井眼。其结构及纠斜原理如图 3-41 所示。

如果井眼发生倾斜，偏重块就会在其自身重力作用下稳定在倾斜井眼的底边，与之对位的上盘阀的扇形流道则稳定在井眼高边，从而对下部旋转的执行机构进行控制。该工具适用于高温高压环境下的深井及超深井垂直钻井作业，但偏重式稳定平台控制精度受横向、纵向及黏滑振动影响较大。

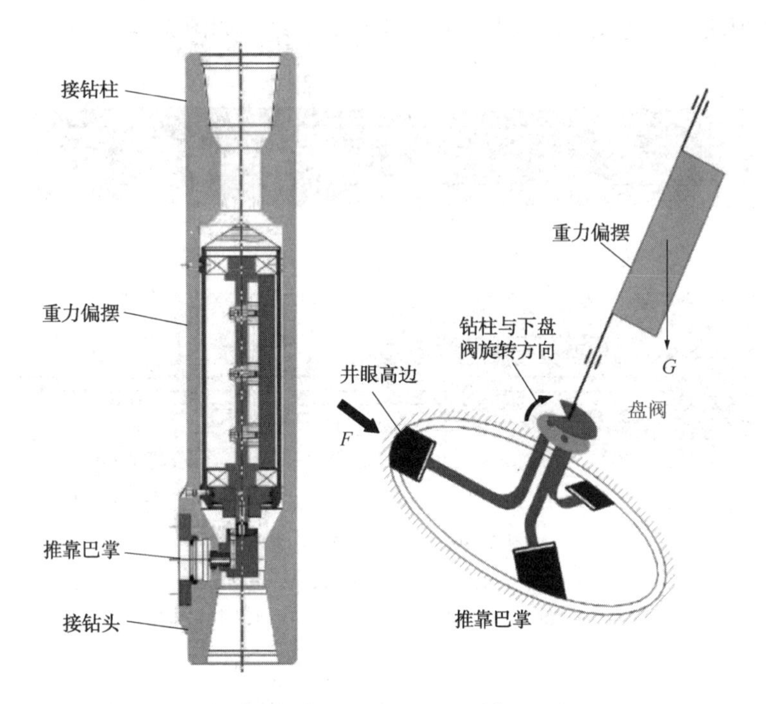

图 3-41　UPC-VDS 系统

(6) 全旋转推靠式自动垂直钻井工具

宝鸡石油机械有限责任公司与西安石油大学联合，成功研制了具有自主知识产权的全旋转推靠式自动垂直钻井工具。该工具结构与 Power-V 系统类似，适用于 ϕ311mm 井眼。该系统主要由工具外筒、全密封上悬架支撑单元、上下涡轮发电机单元、测控存单元、全密封下悬架支撑单元、执行机构单元、控制轴、执行活塞和执行矩形推力板等组成，结构如图 3-42 所示。

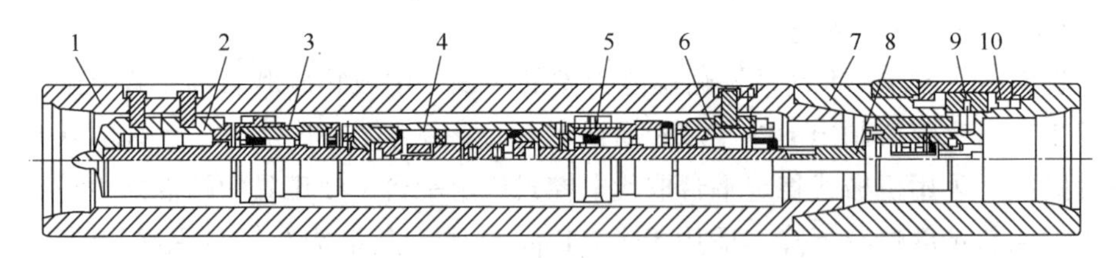

图 3-42　全旋转推靠式自动垂直钻井工具

1—工具外筒；2—全密封上悬架支撑单元；3—上涡轮发电机单元；4—测控存单元；5—下涡轮发电机单元；6—全密封下悬架支撑单元；7—执行机构单元；8—控制轴；9—执行活塞；10—执行矩形推力板

(7) 电机驱动式垂直钻井工具

中国地质大学(北京)深部地质钻探技术自然资源部重点实验室针对地质钻

探小井眼特点，研制出了电机驱动式垂直钻井工具。该工具的执行机构采用静态推靠式设计，推靠翼肋为门式(上开式)，配合电控稳态式稳定平台，应用电机驱动方法产生推靠力，适用于 ϕ152mm 井眼，其结构如图 3-43 所示。当井斜发生时，系统控制电机旋转，带动电机连接螺栓拧紧，电机的旋转扭矩通过键连接转换成对氮气弹簧传动轴的推力，驱动氮气弹簧和与其相连接的推杠轴向运动，从而为执行机构中的连杆式推靠装置提供推出所需的驱动力。翼肋推出时，通过位移传感器检测推杠的推出位移，达到所需位移后，电机停止工作，推靠翼肋保持伸出状态推靠井壁进行纠斜。完成井眼纠斜后，系统控制电机反转，带动电机连接螺栓从氮气弹簧传动轴中旋出，在键连接的约束下，氮气弹簧轴向运动至初始位置，推靠翼肋在连杆作用下收回。该工具目前仅停留在样机阶段，尚未进行下井测试。

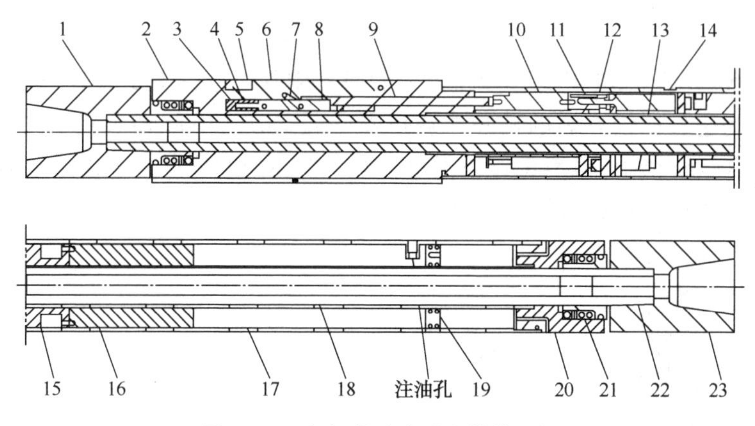

图 3-43 电机驱动式垂直钻井工具

1—钻头连接套；2—执行机构壳体；3—复位弹簧；4—弹簧支撑轴；5—镶合金耐磨块；6—推靠板；7—连杆；8—滑车；9—推杠；10—氮气弹簧；11—氮气弹簧传动轴；12—电控定位法兰；13—位移传感器；14—电动机；15—芯片安装筒；16—电池节；17—电控部分外套；18—电控部分内壳；19—活塞；20—轴承连接套；21—轴承部分；22—内钻杆；23—钻杆连接套

3.5 钻井作业机器人

钻井作业机器人(见图 3-44)是石油、天然气、盐业、地矿等作业中用于完成上钻杆、接钻杆对扣、方钻杆进大鼠洞、排立柱、下立柱、完井甩钻杆作业的装置。其取代了效率低、危险程度高的人工拖曳对扣排放钻具的工作模式，是目前石油钻井平台上广泛应用的一种多功能自动化装置。国外的石油机械制造厂商已经研发了几代钻井作业机器人，产品性能优良，技术先进成熟，在全世界市场也有广泛的应用与认可。其中具有代表性的是美国国民油井华高公司(NOV)的

PRS 系列型号的钻具对扣排放装置，可以举升质量近 10t 的钻具，夹持 ϕ89～514mm 的钻具外径。

图 3-44　钻井作业机器人

目前我国国内关于钻井作业机器人的研究刚刚起步，主要以仿制和改良国外先进产品为主，比较有名的钻井作业机器人是 ZDP-3000 钻具自动对扣排放装置，如图 3-45 所示。其有工作效率高、安全性能强的特点，在我国塔里木油田、江苏油田、玉门油田已有较为广泛的应用。

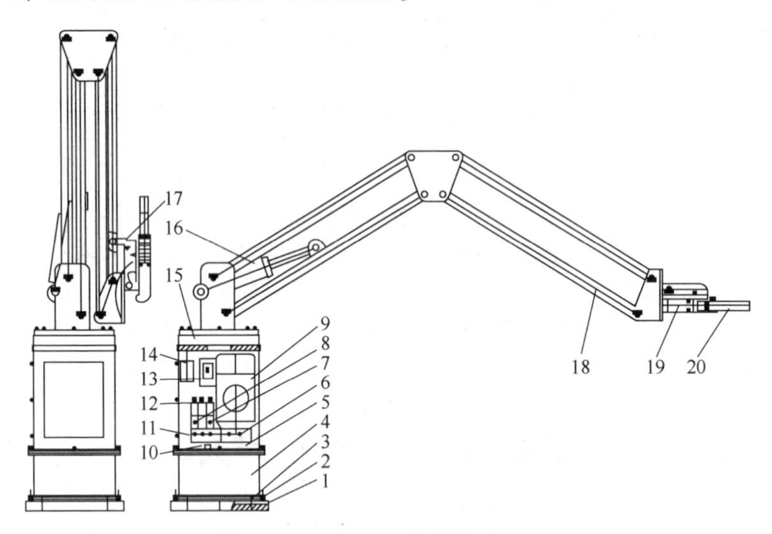

图 3-45　ZDP-3000 钻井作业机器人

1—底座；2—止动螺钉；3—万向球；4—油箱；5—液压泵；6—溢流阀；7—油缸节流阀；8—马达节流阀；9—防爆电机；10—油箱加油口；11—压力表；12—电磁换向阀；13—电器控制盒；14—油马达；15—回转支撑总成；16—机械臂油缸；17—机械手挡销；18—机械臂总成；19—机械手油缸；20—机械夹爪总成

3.6 海下油气田开采机器人

海下钻井作业水深超出常规潜水作业能力的100m后，都离不开ROV的支持。钻井平台在下钻过程中需要ROV协助对开钻前的井场附近进行地貌扫描，并参与钻杆的定位、套管就位、BOP协助就位以及井口清理等一系列的作业。在此工程中ROV需要24h在海底对钻井活动进行严密的监控，一旦发现有异常情况，就向钻井作业者及时通报。油气田进入工程开发阶段，需要根据开发设计方案，进行各种油田设施的工程建造和海上安装，包括采油/处理导管架平台、海底管线/电缆、水下生产系统和水下系泊系统等。而这些工程涉及大量水下作业，ROV的支持是必不可少的，并且直接影响安装作业进度和效率[17]。

SEAEYE PANTHER PLUS是由英国SAAB(seaeye)公司开发的一款1000m级的ROV，配备了10个500V直流推进器(8个水平推进器和2个垂直推进器)，具有卓越的操控性和高达4节的速度。该款ROV有两个电子舱：一个主舱和一个辅助舱。主舱有四个LED灯、四个摄像头、一个深度传感器和一个固态罗盘(位于主电子舱内)，用于ROV的自动航向。由于其功率高，可容纳两台先灵猎户座机械手，加上各种传感器和重型工具撬，使其成为完成钻井支持、管道勘测、IRM和打捞等任务的理想选择。图3-46为海下油气田开采机器人。

Centurion SP(见图3-47)是由英国Subsea 7设计专用于超深水钻井项目的机器人，其作业深度可达4000m，拥有900kgf垂直推力和1600kgf系柱推力。其重3200kg却拥有230hp(马力)的动力，拥有比其他ROV更轻、更紧凑的处理系统。

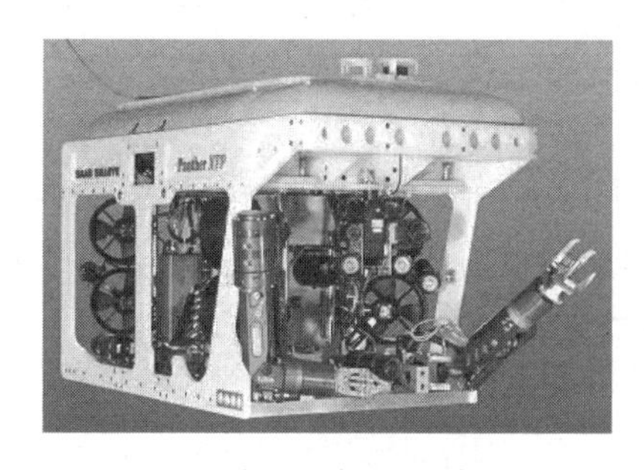

图3-46 海下油气田开采机器人

图3-47 Centurion SP

因海上环境多变，常有大风大浪，为了减少海上钻井平台的工人数量，保障工人安全，海上钻井平台都会采用管子处理装置来完成各类管材钻具的取用、运移、组装、拆卸、放置等任务。

管子处理装置基本可分为四部分：

① 控制部分。相当于人类的大脑和神经系统，是管子操作系统的中枢部分，用于对管子操作系统的控制信息和来自传感器等的反馈信息进行运算处理和判断，并向执行部分（机械臂）发出一系列的动作指令[17]。

② 执行部分。相当于人类的手足，将来自控制部分的电信号转化为机械能，以驱动机械部分进行运动。

③ 检测部分。相当于人类的五官，是用于检测机械手的运动和动作的传感装置，用以实现对输出端的机械手运动结果的测量、监控和反馈。

④ 机械部分。相当于人类的骨骼，是能够实现钻具操作处理的机构。目前比较有名的海上钻井作业机器人是挪威机器人钻井系统公司（RDS）研发的一款自动钻井系统。该系统已应用在挪威国家石油 JohanSverdrup 油田的 DeepseaAtlantic 号半潜式钻井平台上。这个系统由 4 种电动机器人组成，分别为钻台机器人、铁钻工机器人、管道装卸机器人和多尺寸升降机器人。

3.7 地上油田开采机器人

3.7.1 井口下管作业机器人

3.7.1.1 机器人发展背景

修井作业是石油与天然气开采过程中的重要环节，井口起下管柱作业是修井过程中频率最高的作业形式。我国油气田每年进行 10 多万次各类修井任务，尤其是井口起下管作业，以修井机提供动力+人工操作方式为主，人工操作劳动强度大、作业危险性高、工作环境恶劣。随着劳动力成本不断上升、供给逐渐减少，企业迫切需要自动化、智能化的井口作业装备，提升现有技术水平，改变传统作业模式。

目前，欧美发达国家的油田井口作业装备正在向模块化、可移动化、自动化、智能化、机器人化的方向发展，在未来的油气田，智能化的机器人将完全替代人工，完成复杂的井口作业任务。面向油气田井口作业任务，设计一种移动式、智能化的井口作业机器人系统，融合修井、作业多种功能，实现对修井作业现场的自动化操作。

目前，针对井口下管作业机器人有以下几个功能要求：

① 油气田修井作业，尤其是井口作业，主要是对油管进行操作，包括油管的拉、送和排放，油管抓取、扶正、对中及上卸扣等。据此，开发出了相对应的系统底盘、排管系统、抓放管机械臂、用于井口作业的起下装置和螺纹上卸扣装置等功能模块，构成完整的机器人系统。

② 在工作效率方面。为提高机械臂抓放管整个工作过程中这一最慢环节的速度，对机械臂进行轨迹规划和动力学控制，并对其实行小型化和轻量化设计。

③ 为应对井下复杂环境，通过视觉、激光、力觉等传感器感知工件及作业信息，结合信息进行控制方法动态调整，可提高系统柔性，减少作业中的人工干预，提高生产的安全性。

机器人具体结构如图 3-48 所示。移动式油田井口作业机器人系统由系统底盘、检传排管系统、抓放管机械臂和井口作业系统四大模块组成。系统底盘作为各部件和管柱的载体，具备姿态水平调整、井口位置对正、车载转运等功能；检传排管系统实现长度检测，管柱移进、移出、更换，料库多余管柱的排放；抓放管机械臂是衔接检测排管系统与井口作业系统的关键模块，实现管柱高效、精确地抓放和扶正等操作；井口作业系统包含井架、硬性导轨、吊卡、液压管钳等，实现井口的扣卸吊卡、摘挂吊环、吊卡转运以及上卸扣工序[18]。

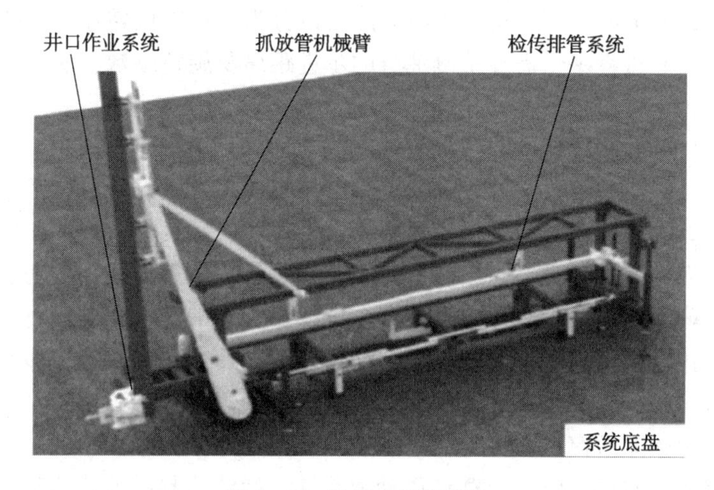

图 3-48　机器人具体结构

具体工作流程为：车辆搭载系统到达作业地点后，系统底盘的液压支腿支撑，进行井口的对正；井架升起并调整角度使其与地面成约为 82°的夹角；起油管时，吊卡沿着硬性导轨装置将油管接箍提升至液压管钳处，液压管钳的定钳固定下油管不动，动钳旋转将所取油管拧开；抓放管机械臂抓取油管运动至水平位置；油管被横梁油管抓放机械手送至料库。下油管的过程只需将起油管的过程反过来即可。

3.7.1.2　面临挑战

（1）兼顾可靠性的小型化、轻量化

为提高机器人系统的移动作业能力，设计上需要整机小型化、结构轻量化；

但作为户外作业装备，系统的设计又必须具备较高的安全系数，以适应大风、雨雪、酷热和严寒等自然环境。如何二者兼顾，对结构优化设计提出了很高的要求。

（2）抓放管机械臂的精确、柔顺控制

抓放管机械臂具有大长径比，是典型的运动弹性部件。在实际运行中，不管是起降还是加减速，机械臂承受的都是动载荷，弹性变形和振动非常明显，对精确运动控制造成很大的困难。机械臂抓取管柱并进行扶正的过程，涉及大质量、大惯量负载的位姿变化，为避免因运动不平滑、不连续造成的冲击，需要进行特殊的动力学分析，合理规划管柱运动轨迹，并设计柔顺控制的算法。

（3）管柱自动上卸扣过程的安全性

需要研究螺纹装配中所有的错误操作，通过液压管钳中的力传感器采集螺纹装配时的扭矩变化，分析螺纹装配失败和成功操作的扭矩变化特性，从而给出螺纹上卸扣操作的柔顺控制算法。螺纹装配可以分为大扭矩低转速和小扭矩高转速两个步骤。装配过程中，需要检测油管的步进距离及旋转圈数，从而判定装配或卸扣成功与否。

（4）管柱参数在线检测与数据管理

排管、扶正、起下、上卸扣等一系列井口操作需要预知管柱参数信息，包括长度和螺纹扣数等。但在反复使用过程中，管柱端口螺纹经常损坏，修理后管柱参数信息会发生变化，需要重新获取。刚工作完的管柱表面往往覆盖着泥沙、油污等，在线的检测需要解决传感器选型、方位布置、信息融合等问题；既要离线采集信息并进行数据管理，又要面对各油田统一管理难、油井数量多和管柱品种繁杂等困难。

（5）机电液系统高效集成

需要将机械本体系统、机载液压动力系统、运动控制系统、传感系统等各单元系统整合为一个有机的整体。井口作业机器人系统包括多个功能模块，各模块之间的实时通信及协同操作是其系统集成的技术难点。每个模块常包含多种类型部件，需要研究机械构件、电机、电子器件及液压部件等多种结构和驱动系统的特性，从而保证模块内及各模块之间的互联互通。

3.7.2 油井解堵作业机器人

在油田开发过程中，钻井、完井、压裂、酸化等过程造成的油层污染、细菌滋生、地层结垢和结蜡以及环境改变引起的泥质、沉积物、乳化液、石蜡、沥青质等凝结积累，往往使油层渗透率降低，油井产量下降，特别对低渗透或超低渗透油层而言，产量下降更为严重，甚至会造成油井停产。因此，油井解堵技术成为当前保护油气层、提高油田采收率的重要手段。

国内外研究人员广泛致力于油井解堵技术的研究，提出了多种新的解堵方法，大大提高了油井的采收率。不同的解堵方法有其自身的特点和适用范围，因此在进行解堵作业时，既要考虑井自身的特点和堵塞的原因，还要考虑解堵的成本、施工难易程度、有效期长短以及施工时间等因素。

目前国内外提出的油井解堵方法包括两个大类别，分别是物理法解堵以及化学法解堵。

物理法解堵目前所提出的技术包括：高压水射流解堵技术、水力振动法解堵技术、高压电脉冲解堵技术和超声波解堵技术等，其特点是：

① 物理力直接作用于油层，不会对地层造成二次污染。

② 改造半径大，解堵有效期长。

③ 施工操作简单，易于管理。

物理法的缺点是不易清除有机质产生的堵塞，而化学法则能够解除近井地带有机质造成的堵塞。化学法是将化学溶液挤压入地层，因此容易造成地层污染，而且排酸和分层处理比较困难。

化学解堵方法就是通过化学剂与堵塞物发生化学反应来消除堵塞物。目前常用的酸化药剂主要有四种：有机酸、无机酸、复合酸、低碳混合有机酸。有机酸适合有机质造成的地层堵塞。无机酸主要是从除垢和防垢的角度解除无机物造成的堵塞。复合酸可以同时解除有机和无机物造成的堵塞，但是不能解决乳状液堵塞造成的液锁、水锁伤害等问题。低碳混合有机酸可以解决在各种作业环节产生的液锁、水锁伤害以及有机物沉淀等问题。近年来研究开发的新型生物酶稠油解堵剂主要是针对微生物细菌造成的堵塞。生物酶解堵具有工艺简单、投资少、无污染等特点，但在高温和高重金属离子条件下生物酶易遭到破坏，该方法的应用也受到一定的限制。

针对以上诸多问题，同时为做到节省成本，并且保证生命财产安全，智能解堵机器人应运而生，它利用电火花放电，将正负电极送入射孔通道进行放电作业实现对地层的造缝和解堵。

正负电极在电脉冲作用下将液体介质击穿产生火花放电，放电产生的瞬时高温和高压对堵塞区域进行爆炸冲击作用、空化作用、电磁作用和热效应实现对储层的解堵、除垢和降黏。该方法可以解决物理解堵和化学方法分层困难且容易造成二次污染的难题，能够有效地提高油井采收率。

机器人的工作流程如下：

首先，利用检测传感器准确检测到射孔位置，这是能够顺利完成解堵作业的第一步。其次，电极送进装置将正负电极送入射孔中并在送进过程中两电极之间保持一个放电离。最后，地面脉冲电源产生高压脉冲信号通过电缆连接到正、负电极上。在高压电冲的作用下，两电极之间的油水混合物被击穿产生放电通道。放电通道又称为等离子体通道。放电通道一旦形成，脉冲的能量便全作用在射孔通道和正、负电极上。放电通道具有很高的温度(104℃的数量级)和很高的压力(瞬时压力可达数十乃至数百个大气压)，此高温高压环境可以使两电极之间产生爆炸效应，对油层起到造缝、降黏的作用。连续脉冲放电产生的连续冲击波可以进一步作用于油层。

套管解堵机器人整体三维模型如图 3-49 所示，总体结构设计由上下两组导向轮、电动推杆、上下支撑机构、旋转检测电机、涡流检测传感器和送丝机构组成。

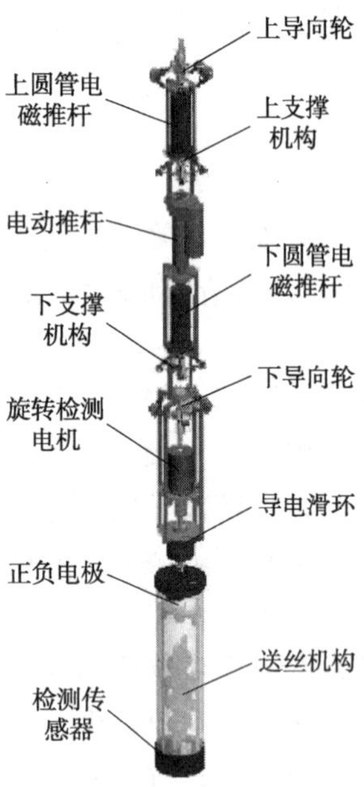

其工作过程如下：整体结构依靠缆绳在井口下放，导向轮依靠弹簧压紧在套管壁。导向轮由上下两副组成，保证整体结构始终处于管壁的中心位置。下放至指定位置由上位机发出控制信号驱动解堵机器人开始进行解堵作业。

首先，控制单元发出迎电信号给上圆管电磁推杆相应的控制端口，圆管电磁推杆电路接通而吸合，此时上支撑机构支撑在套管壁上。其次，排杆正向通电一段时间，电路接通而吸合，此时上支撑机构支撑在套管壁上。最后，电动推杆正向通电一段时间，下电磁推杆同时支撑在管壁上。电机带动下部射孔检测机构进行射孔的检测，射孔检测使用涡流检测传感器。射孔检测时需要下端无限制连续旋转，导线需连接到旋转部件上，需要在下部安装一个可以解决导线缠绕问题的导电滑环。一旦检测到射孔，则送丝机构动作就可以进行电极丝的送进。

上导向轮
上圆管电磁推杆
上支撑机构
电动推杆
下圆管电磁推杆
下支撑机构
下导向轮
旋转检测电机
导电滑环
正负电极
送丝机构
检测传感器

图 3-49　套管解堵机器人整体结构示意图

3.7.3　油田智能注水机器人

(1) 油田注水与机器视觉

油田注水是提高油田开发水平，保持油藏能量和油田稳产主要的工艺技术，在国内外得到了广泛的应用[19]。目前油田的注水装置大部分是简易的注水撬，主要运行模式是通过水车运水，并向油田注水井口注水的方式来完成注水作业。虽然目前这种装置简单实用，但普遍需要人工值守来进行相关的泵的启停以及注水量统计，耗费人力财力，劳务用工成本压力大，不适合现阶段的注水作业。

国内研究人员将机器视觉技术与油田注水工艺结合，提出一种油田注水机器人用于替代石油现场的人工注水作业，并对其中水车泄水管口边缘检测和管口中心三维定位部分进行了研究。

国外学者针对机器人视觉做了许多方面的研究，如：

① 双目视觉技术应用在草莓采摘机器人中，实现成熟草莓的识别、双目定位和采摘工作，能满足草莓采摘的要求。

② 通过对冷凝器清洗移动机器人的视觉定位方法的探究，提出一种采样密度可调的轮廓拟合定位算法。该方法能精确定位所需清洗管口质心，为清洗喷枪提供准确运动参数。

③ 通过对双目立体视觉在管口测量系统中应用的关键问题进行探究，解决了圆孔透视投影中形状畸变的问题，提高了圆几何参数的视觉测量精度。

④ 将手眼视觉系统应用在工业水泥灌装自动化改进方面，拥有视野大、定位精度高的优势。

结合国内外文献研究发现目前尚无将机器视觉技术与油田注水工艺结合的应用技术，所以基于机器视觉技术的智能注水机器人可谓未来油田开采一大创新领域。

（2）系统整体框架

油田注水工作模式如图 3-50 所示。首先，当水车停到限定范围内模糊工位后，固定在机械臂前端的双目摄像机采集包括水车泄水口在内的场景图像，并将场景图像采集到图像处理模块。利用机器视觉技术通过提取泄水口的边缘特征信息，再结合椭圆拟合方法和双目视觉原理得到泄水口中心在相机坐标系中的位置。其次，通过坐标系间的变换，得到在世界坐标系下的泄水口中心三维信息。最终通过计算求出机械臂运动参数，实现与连接泄水导管的机械臂自动对接，在对接完成后，通过泄水管处的电磁开关打开泄水阀门，并将水车内的液体通过泄水导管注入地下油井内，完成油田注水工艺的无人值守任务。

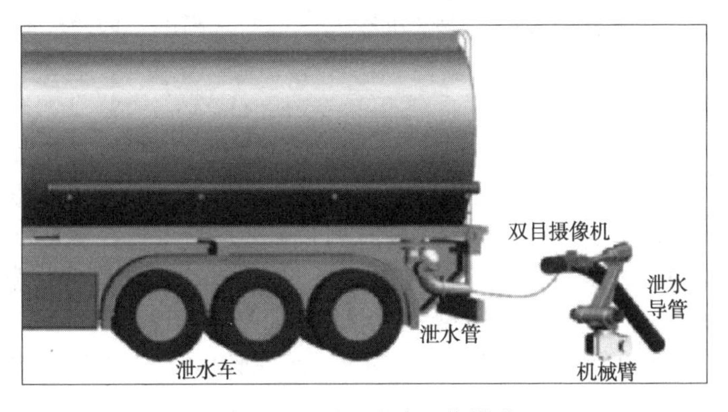

图 3-50　油田注水工作模式

(3) 技术要求

1) 相机标定与校正：

通过双目摄像机采集含有标定板在内的多幅左右视场图像，执行相机标定算法求解相机的内外参数，并对摄像机进行畸变矫正，去除由相机畸变等因素产生图像定位的像素误差。目前常用的相机标定方法是张正友棋盘格标定方法，该标定过程简单快捷、误差较小。

2) 建立世界坐标系：

对于矫正后的图像建立相机坐标系，再通过分析坐标系的刚体变换关系，求解以世界坐标系为基准的泄水导管口中心的坐标。

3) 水车泄水口的检测与定位：

从校正好的图像中获取有效区域中的泄水管口图像，再执行 OTSU 阈值分割和亚像素边缘提取泄水管口的边缘，并通过对管口边缘的最小二乘法的椭圆拟合确定泄水管口中心坐标的位置，最后通过分析双目立体定位的原理求得泄水管口圆心的三维空间坐标。

3.7.4 油藏纳米机器人

(1) 产生背景

目前石油开发行业技术水平还处于发展中阶段，在现有的科技水平下，人们仅能采出地下原油总储量的 30%左右，大约 2/3 的剩余油仍留在地下。从出现石油开采工业以来，提高油田采收率一直是油田开发地质工作者和油藏工程师为之奋斗的目标。

为有效探测和开采剩余油，一些大型石油公司和服务公司开展了油藏纳米机器人研究，期望利用纳米机器人探测甚至改变油藏特性，从而提高油气采收率。沙特阿拉伯国家石油公司继 2007 年提出油藏纳米机器人的概念之后，2008 年完成向油藏注入并回收纳米机器人的可行性研究，2010 年成功进行了油藏纳米机器人的现场测试。测试结果证实纳米机器人具有非常高的回收率，携带纳米机器人的流体具有很好的稳定性和流动性。

(2) 纳米机器人

油藏纳米机器人不是传统意义上的纯机械机器人，而是一种化学分子系统和机械系统的有机结合体，是一种能够了解井间基质、裂缝和流体性质，以及与油气生产变化相关的全新技术，突破了现有测井和物探技术在探测范围或分辨率上的限制。油藏纳米机器人是能够在纳米空间进行操作的“功能分子器件”，大小不足人类发丝直径的 1/1000，通过注入水进入油藏，在地下旅行期间探测岩石及所含流体的性质，并将信息存储起来或定时传送到地面，在生产井中随原油产出并被回收。

油藏纳米机器人在油气勘探与开采中具有多种用途：辅助圈定油藏范围，绘制裂缝和断层图形，识别和确定高渗通道，识别油藏中被遗漏的油气，优化井位设计和建立更有效的地质模型，将来还可能用于将化学品送入油藏深处进行驱油。这些应用有助于延长油气田的开采年限，提高油田采收率。因此，油藏纳米机器人技术的发展前景十分广阔。

目前针对油藏纳米机器人国内外所取得的研究成果主要集中在以下四点：

① 造影剂。增强分散于压裂液或注入液中的分子或纳米粒子的电磁、声波或其他特性，提高井眼、地面或井眼—地面成像方法的分辨率和探测能力。

② 纳米材料传感器。分子与材料传感器，当储层物理或化学条件不连续或阈值水平发生变化时，显示出可探测的状态改变。

③ 微电子/纳米电子设备。测量油藏特性，存储或将数据传回井眼。

④ 纳米材料传输和流体流动的基础研究。

这些研究的目的是开发能够优先吸附在油水界面上的顺磁纳米粒子，并对其进行遥测。此外，还在开发实验室测量与现场测量相关的理论模型，如获成功，这种新的探测方法可以确定油藏的流体饱和度，探测深度远远大于核磁共振成像测井。微传感器与纳米传感器的探测范围很广，介于测井与地震之间，垂直分辨率要高于测井与岩心分析。纳米技术和微观探测技术的发展与应用将使油藏监测、管理和提高采收率发生革命性的变化。

虽然油藏纳米机器人的研发目前已取得令人瞩目的进展，但仍有许多技术难题有待解决，如传感器的部署、遥测及定位、数据采集与处理等。

面临的挑战：

① 传感器的部署。如何将传感器送入油藏、在无流体动力或与流体动力方向相反的情况下如何使传感器在油藏中运动(有源或无源)、如何为有源传感器提供动力并使其向需要的地点推进、如何实现传感器在非均质油藏中的均匀分布、在恶劣环境下如何保护传感器、如何回收传感器(无源情况下)。

② 遥测/定位。如何从数百万个传感器中实时提取数据(通信/采集)、如何确定每个传感器的空间位置以及采集数据的时空地理定位。

③ 数据采集。如何探测被绕过的油气(经常在流动通道之外)、如何增加传感器的探测深度、如何读取数据。

④ 数据处理。如何有效处理、分析和使用采集的数据，有效开采油气。

3.7.5 油田抢喷机器人

(1) 井喷现象

井喷是石油开采中经常发生的一种现象，一般发生在石油开采的现场。地层压力和井底压力相比，如果较大会导致溢流，即地层流体流入油管并促使泥浆外溢。若溢流问题得不到解决或解决措施不合适就会引发井喷，严重时引起井喷失控，此为发生井喷的根本原因。有时井喷属于正常现象，处理及时得当的话不会演化为事故。

井喷事故主要有以下四种情况：井口装置陈旧引起的井喷事故；机械故障引起的井喷事故；修井过程中引起的井喷事故；非法破坏引起的井喷事故。然而实际上，井喷发生的原因并非孤立存在的，井喷失控一般由多种原因共同引发，其中人为原因是最不可忽视的因素。以下三个方面是井喷发生的必备条件：地层之间有良好的连通性；地层要存有一定量的流体(油、气、水等)；地层要有一定的能量(地层压力)。

随着国家越来越重视安全生产、企业越来越重视工人的工作环境和安全，开发用于油田抢喷的机器人研究工作越发重要和迫切。油田抢喷机器人的主要工作是：在修井作业过程中，井喷发生时(或未发生井喷而需要暂时安装抢喷阀以防止井喷发生时)，油田抢喷机器人能够快速准确地将抢喷阀送到井喷油管口上方，并迅速完成位姿的检测和调整，以保证抢喷阀与油管具有良好的对中性，然后进行抢喷阀的旋入安装工作，安装完成后将阀门快速关闭。同时要求抢喷机器人完成所有的动作不能超过3min。

(2) 抢喷机器人整体结构

机器人整体主要分为三大部分：腰部部分、手臂部分和腕部部分。

腰部部分主要实现机器人的整体转动功能，从而扩大了机器人的工作空间，其旋转力由伺服电机提供。

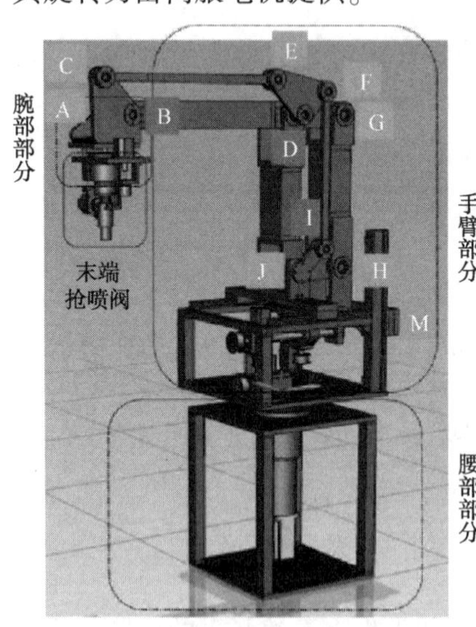

图 3-51　抢喷机器人三维模型

手臂部分主要实现机器人末端的移动，即完成抢喷阀的运送，手臂部分为并联机构，其具有两个自由度，分别为平面内水平方向移动和竖直方向移动，水平方向和竖直方向运动通过伺服电机由同步带带动丝杠转动，即通过丝杠把电机的旋转运动转换为末端的直线移动。

腕部结构采用伺服电机的形式，主要实现机器人末端抢喷阀的旋入安装。

其结构如图3-51所示。

通过对手臂部分并联机构的解耦，可以实现运动输入输出变量之间的一一对应，即机器人末端抢喷阀水平方向运动单纯由水平丝杠带动，竖直方向运动单纯由竖直丝杠带动。

腰部结构主体机架由方钢管型材搭建而成。手臂部分为并联机构，是机器人功能实现的关键部分，该并联机构由平行四边形结构构成，该结构能够增强机器人的负载能力，提高机构刚度及放大运动行程。腕部按照 RCC 柔顺手腕原理，采用层叠型弹性杆手腕，消除平移误差、控制角度误差，保证抢喷阀与油管口的对中性，机器人结构中添加了三个连杆，组成了双平行四边形结构，该结构可保证末端抢喷阀工作时始终保持平动。

3.8 海上油田开采机器人

水下机器人是机器人领域的一个重要实际应用领域之一，它在我国目前的航海探测、海洋探索以及石油工程中发挥着至关重要的作用。水下机器人材料的高防水性和关节的灵活性保证了它能够在海面下进行日常的操作作业，在水下空间的一定范围内的行动不受水压的破坏和海水的腐蚀[20]。除此之外，现在科研人员还为水下机器人配备了摄像头、声呐以及跟踪器，令它能够通过高防水、高灵活性的多功能机械手臂以及与之相配套的操作，在石油工程全过程进行相关的辅助作业。

目前，水下机器人的种类有很多，其中包括：

① 观察型水下机器人。这种机器人主要是为了观察海洋中一些生物的运行轨迹、观察一些污染情况以及海底地壳变动情况，没有实际的操作技术。

② 具有一定的负载能力的机器人。这种机器人虽然携带一定的潜水设备，但由于制造空间的限制，这些设备通常为摄像头等辅助器材，依旧以观察为主，在某些分类中将这类机器人也归为观察型机器人。主要针对某一种群的生物进行长期的跟踪活动。

③ 水下作业型机器人。这类机器人属于石油工程中最常用到的机器人之一，它搭载的多功能机械手臂，能够在操作人员的操作下完成一定的复杂操作，在水下也能够辅助施工人员进行石油工程作业。

④ 爬行型机器人。这类机器人主要应用在海底石油的开采中，将这类机器人放置在海床上，并利用其机械手臂进行挖沟等开采活动，也常常应用在石油工程中，和第三种机器人一起进行石油工程作业。

针对海洋石油开采主要使用水下作业型机器人以及爬行型机器人，其两者发挥着相当重要的作用，其功能有：

① 水下机器人能够帮助石油工程安装相应器材以及设备的日常检修。无论

是海面下还是海面上，海水的波动情况变化都十分之大，石油工程常常面临着无法继续作业的难题。而水下机器人的应用成功地帮助了石油工程在恶劣条件下也能够顺利作业。具体表现在以下 3 个方面。

a. 对于石油工程导管架的安装。想要安装石油工程的导管架，首先需要对放置地区的海床进行深入勘测，并且在导管架安装后进行下水检测。通过水下机器人，导管架安装前的地质勘测可以利用观察型机器人以及作业型机器人共同完成，针对该地质进行相应的安装活动。在导管架进入海洋以前，水下机器人可利用携带的声呐、水下定位系统以及防水摄像头等设备对海床进行具体的勘察，并将勘察结果返回到作业船上，由相关人员进行技术分析，确定是否可以进行接下来的导管架安装工作。

b. 导管架的正式下水以及安装工作。作业型水下机器人可通过 ROV 的水下定位系统以及摄像头对整个安装过程进行精准定位和全程跟踪，确保导管架放置在操作人员最初的设想地。在安装完成后，水下机器人应当围绕导管架设施进行全程录像跟踪和技术分析，细致地排查导管架在安装完成后有没有疏忽大意的地方，并将导管架现在在水下的状态详细记录在摄像中，一旦发现问题方便操作人员进行排查。对于导管架井口基盘的安装情况、导管架架腿是否变形等情况以及定位销的对准情况都要进行逐一排查，这样细致的排查可使日后石油工程减少安全隐患、提高安装质量，是操作质量的重要保证之一。

c. 对导管架的日常检修工作。众所周知，海水中有许多重金属元素，这些元素对于导管架而言有一定的腐蚀作用。尤其是在石油工程正式开始之后，对于长时间位于海水中的导管架而言，日常的检修和维护是有效避免其被海水化学腐蚀而导致石油泄漏的关键。而传统海上石油工程中，主要依靠人力进行定期的排查，这种排查方式一来无法做到每天排查，二来人力检查难免有疏忽大意的地方。因此水下机器人的应用就显得十分重要。水下机器人机身的防水性和一定的耐腐蚀性能够保证其在海水下的安全作业，而搭载的 ROV 装置能够通过超声波仪器、涡流检测仪器以及水下摄像头等设施对导管架的全部细节进行仔细的检查，保证了海上石油工程日常作业的安全性。

② 水下机器人能够帮助海上石油工程的相关管线铺设。对于海上石油工程而言，石油开采后的运输环节也是一个十分重要的环节，运输环节一旦发生纰漏很有可能导致海水污染和火灾的发生。在海上石油的运输中，轮船运输和管道运输是主要的运输方式。同轮船运输相比，管道运输具有稳定、高速、便捷的特点，也因此成为海上石油运输的主力军。在管道运输方面，水下机器人也能够起到十分重要的作用，具体表现在以下 3 个方面。

a. 管道和相关线路铺设的重要工作内容方面。对于海底的管线铺设而言，对已经铺设的管线进行日常的水下目视检测，通过水下机器人搭载的摄像头对管线的损伤情况、出现腐蚀情况以及膨胀环的相关情况进行一定的监测活动是十分有必要的，定期的监测能够帮助石油工程精准掌握运输环节产生的问题，把握石油运输。

b. 进行管线检测中所应用的检测方法。在水下机器人进行管线检测中，ROV 技术是常用的细致监测手段之一。操作人员在工作船上对水下机器人实行全方位的控制，通过 ROV 所搭载的定位系统指挥水下机器人沿着管线进行测量活动，并将测量来的信号发送给工作船，由专门的工作人员通过计算机处理进行分析工作。

c. 对于管线日常维护检测的检测程序。针对管线的检测，海上石油工程常用作业型机器人搭载 ROV 设备和传感器设备进行细致的检查校准工作。将水下机器人放入水中并操纵其走到管线附近，释放 ROV 设备，通过声呐技术对水下机器人接下来的操作路线进行校准工作，保证系统正常有序地进行水下作业。并在找到管线的位置后通过电极测量技术和声呐扫描技术对管线的各个部位进行精准扫描，确定有无故障点以及需要进行维修更换的地点。除了 ROV 以外，整个检测活动都需要水下摄像机的运行，水下摄像机需要对整个检测活动进行全面的记录。

3.9 智能巡检机器人

3.9.1 海上巡检机器人

3.9.1.1 海上巡检机器人发展背景

海上平台电力系统作为海上油气平台的主要动力能源，保障其稳定性和安全性就显得尤为重要。

基于上述分析，单单依靠人工巡检很难满足无人平台电力系统稳定、安全运行的需求。在海上平台逐步实现数字化转型、迈向智能化的当下，海上平台配电系统的运维大多还依赖于运维人员的人工巡检，这种方式存在着可靠性低、及时性差、追溯性低、风险性高等局限性。同时，考虑油田开发的经济性，依托于中心平台开发和建立海上固定式无人驻守平台(以下简称“无人平台”)已经成为近期乃至将来很长一段时间内的主流思路。各个种类的机器人走进我们的视线，它们被广泛应用在设备巡检领域，例如：煤矿采用巡检机器人降低人员巡检的安全风险；数据中心机房采用巡检机器人实现机房无人化管理等。其中智能巡检机器人已经在各地变电站广泛应用，推动了变电站的无人化和智能化发展，这也为无人平台在配电系统中应用巡检机器人提供了很好的借鉴案例。

针对海上石油平台，其巡检工作主要分为两点，分别是常驻平台巡检以及无人值守平台巡检，其具体巡检内容相同，包括：

① 机械/数显仪表数据抄录。

② 开关/阀门状态确认。

③ 指示灯状态确认。

④ 现场环境例行巡视等。

⑤ 定期进行红外测温、局放检测等电气检测内容。

但以前的巡检两者都需要人的参与，所以暴露出许多问题：

① 海上平台地域分布广、数量多，每个平台一般至少有一个开关间，平时主要依靠驻平台人员进行人工巡检和中控室监控，人员进驻海上平台极不方便。

② 人工巡检方式不能够实现对设备状态的实时监测，存在管理实时性差、维护作业需求反应延迟的情况。

③ 受人员素质及实际作业量的影响，在巡检全面性、数据质量可靠性、数据管理的规范性上存在较大差异，且不能够有效实现对潜在缺陷发展趋势的及时分析。

④ 海上石油平台地理分布广泛、人工巡检方式存在劳动强度大、人员需求量大，对运维单位来说运维成本较高的问题。

⑤ 有经验的员工少，培训新员工所需时间太长。

⑥ 大数据人工分析难度较大，填写报表烦琐且录入信息量较大。

智能巡检机器人的应用有效弥补了此类缺陷，其优点有：

① 检测数据准确。

② 可以挂载各种传感器配合工作。

③ 不会出现漏检、漏抄现象。

④ 可以对有问题的地方后台智能分析并生成报警。

⑤ 有多种巡检模式，可以实现随时对配电室的实时监控。

⑥ 实时性好，检测的数据可以随时传至后台。

⑦ 可以对细微的变化(如触头温度、空气湿度等)进行分析。

⑧ 后台可以对采集的数据自动生成报表，并和以前的数据作一对比。

3.9.1.2 海上巡检机器人的特殊性

(1) 轨道防腐性

针对海上特殊性的环境，轨道式巡检机器人，其导轨受到海上气候天气以及海水侵蚀的影响，具有较高的防腐性最为关键，目前所应用的方法是选取轨道材质为铝合金材质，同时，在原有基础上进行阳极化处理，防护等级高于IP23。阳极化处理在型材表面通过阳极氧化工艺形成一层致密的氧化膜，克服铝合金表面硬度、耐磨损性等方面的缺陷，扩大应用范围，延长使用寿命。

（2）海上平稳性以及精度控制

海上平台空间相对狭小，同时存在一定的晃动，为此，这里提出了两类方法，保证安装精度和平稳度。

一类吊架：竖直吊装+斜撑即可，斜撑可根据现场情况间隔一个吊架安装，转弯处斜撑方向可根据现场确定，其结构如图3-52所示。

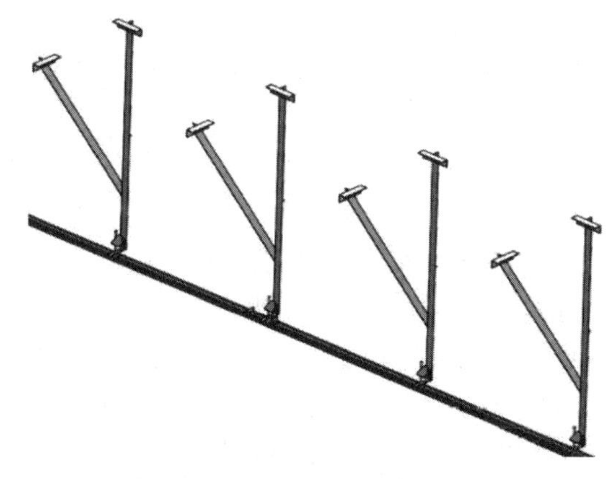

图3-52　一类吊架

二类吊架：竖直吊装+斜撑+底部加强横梁。如果现场轨道存在晃动的问题，可做支撑将加强角钢固定在墙上，其结构如图3-53所示。

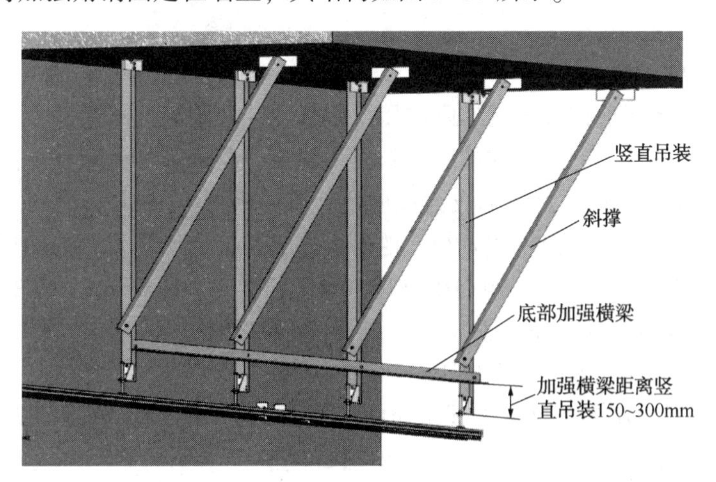

图3-53　二类吊架

(3) 通信

由于现在海上石油平台设备在不断增加，配电间内有高压和各种信号的干扰，以及海上配电间的密闭性，都可能对信号传输长度产生影响。目前的通信方式有两类，分别是电力载波方式和短距离无线方式。

1) 电力载波方式：

电力载波通信即 PLC，电力载波是电力系统特有的通信方式，电力载波通信是指利用现有电力线，通过载波方式将模拟或数字信号进行高速传输的技术。最大特点是不需要重新架设网络，只要有电线，就能进行数据传递。

电力载波通信具有以下特点：

① 配电变压器对电力载波信号有阻隔作用，所以电力载波信号只能在一个配电变压器区域范围内传送。

② 三相电力线间有很大信号损失，一般电力载波信号只能在单相电力线上传输。

③ 不同信号耦合方式使电力载波信号的损失不同，耦合方式有线—地耦合，线—中线耦合。线—地耦合方式与线—中线耦合方式相比，电力载波信号少损失十几分贝，但线—地耦合方式不是所有地区的电力系统都适用。由于电力线自身的脉冲干扰，加大了应用难度。电力线对载波信号有所削减。当电力线上负荷很重时，线路阻抗可达 1Ω 以下，造成对载波信号的高削减。实践中，当电力线空载时，点对点载波信号可传输到几公里以外，但当电力线上负荷很重时，只能传输几十米。因此，需要进一步提高载波信号功率来满足数据传输的要求，但提高载波信号功率会增加产品的成本和体积，而且，单一提高载波信号功率往往并不是最有效的方法。

2) 短距离无线方式

按目前的无线通信技术的实际应用效果来看，短距离无线抄表技术已经成为数据采集系统的传统通信方式的有效补充，因无线通信容易受到物体阻挡及其他无线干扰，其应用范围受到了较大的限制，在实际应用中无法得到大面积的推广，只能在特定环境下使用或者与其他通信方式相结合使用，目前使用最多的无线传输方式主要有小无线(350MHz 和 430Hz)和 2.4G 的 zigbee 无线技术，诸如 Wi-Fi 和 3G 技术在抄表系统应用中无法发挥其自身特点，一般不作为抄表系统的首选。短距离无线方式具有以下特点：

① 安装施工方便，减少了施工布线的人工及材料投入，施工难度较低。维护方便，减少了对线路排查的工作量及难度。

② 抗干扰性差，易受天气和其他无线电影响。

③ 误码率高，传输频繁时容易丢失数据，无法满足数据高实时性的要求。

④ 传输不稳定，易受其他物体阻挡，传输距离无法控制，信号衰减明显，安装位置有特定要求。

⑤ 传输速率较低，仅适用于低速率传输的电子设备之间使用，无法实现大数据量的一次性传输。

⑥ 需要外置天线，且天线的位置需现场测试安装，损坏或变换位置后将严重影响通信效果。

通过实验分析，综合考虑系统稳定性和实用性，电力载波应用比短距离无线更适用于海上石油平台，更能保证数据的可靠性。

3.9.2 平台智能巡检机器人

近年来，数字化、智能化不断推动着油气行业的迭代更新，数字化管理、数字化分析以及智能化应用不断冲击着传统油气行业，在极大程度上改变了传统工作模式。但作为原油生产枢纽的联合站、增压站等关键节点，仍采用人工巡检模式，存在诸多安全隐患，研究利用智能巡检机器人代替人工巡检，进一步提高场站智能化管理水平，助力油田实现降本增效、优化用工以及提升劳动生产组织效率有着非常积极的意义。

目前智能巡检机器人已经在电力、焊接、航天、医疗等众多工业领域得到应用，澳大利亚某大型电厂的管理人员只有 7 人，现场生产全部靠智能机器人完成；壳牌石油公司在北美开发页岩气，400 余口井、20 亿立方米规模的公司，也仅有 70 余人管理，现场全部采用机器人巡检作业。国内智能检查机器人在电力能源行业中非常普遍，并取得了很好的应用效果，油田无人值守站场巡检机器人与电力行业无人值守站场应用的智能巡检机器人具有较好的可比拟性，且油田行业巡检机器人的应用目前尚属空白，开发应用潜力巨大。

智能巡检机器人主要由驱动底盘、激光传感器、可见光摄像机、红外热像仪以及其他部件组成。机器人通过激光雷达导航，利用车载红外、可见光及声音传感器检测设备温度、仪表读数、开关状态、异常声音等各类目标状况，同时，所有收集的图像和数据都通过无线传输系统发送到中央控制中心。中央控制中心负责数据的统计分析，设备故障情况和危险目标的警告以及检查报告的准备，巡检机器人在电量不足时，自动返回充电房完成寻桩充电。

（1）自主导航

机器人依靠激光雷达、GPS 综合导航，在现场部署时，首先激光雷达扫描出完整的巡检现场地图，再由路径规划软件设置巡检机器人的行走路线和巡检定位点，并使之与地图匹配。机器人根据设定的路线、时间段进行自动巡检，在巡检过程中自动记录巡检数据，遇到障碍物能够自动避开并选择合适路径继续完成巡检，巡检过程中发现异常事件会自动报警，巡检完成后生成巡检报告。

（2）自主识别

为实现机器人在不同环境、不同工作条件下不同工作任务的完成，机器人可配备不同种类的智能识别系统：

① 仪表及阀门识别。机器人系统携带可见光高清摄像机对现场仪表取样，图像预处理和过滤技术消除了雨雪和外界光线对设备图像清晰度的影响，然后可以使用设备的精确图像匹配和图像识别技术自动监测设备的外观和状态；针对不同种类的仪表图像进行模板化处理。对实时采集的仪表图像，在后台转到相对应的模板，使用尺度不变函数转换算法，调整和提取计数器尺度范围的图像片段，并对拨号图像上的指针主干进行二值化和指针骨干化处理，使用快速霍夫变换找到直线，使用直线指针消除噪声，找到精确的位置和目标角度，完成指针读数。

② 红外检测。机器人配备红外热像仪，通过预先设置多个监视点，可以从多个角度捕获所有站点设备的温度，对站内各运行泵体、泵电机、热水管线等设备和其他设备主体的连接器进行检测，并利用温升分析、温差比较、历史趋势分析等方法对设备温度数据进行智能分析和诊断，以实现设备热缺陷的识别和自动报警。

③ 音频分析检测。机器人搭载拾音器，对设备的声音信号进行采集，通过后台的时域或频域进行分析，发现设备的异常声响时自动报警到后台监控中心。声音分析软件主要是由信号处理、信号特征提取和信号显示部分组成，能够根据声音检测设备采集到的被测对象的声音数字信号，提取出声音数字信号的各个频域分量，并且以数字化图形的方式展现出来，以便于判断被测对象设备的工作状态。

（3）集控中心设计

智能巡检机器人通过无线网桥与本地监控后台实现双向、实时信息交互，集控中心配套服务器，部署控制系统，生成设备温度、仪表读数等巡检报表和缺陷报警异常报表，并将巡检数据和缺陷报警信息上传，协助运行人员及时确认并处理报警信息。对设备巡检数据、图片的查询、筛选与导出，提供设备检测结果的历史曲线[21]。

4.1　石油运输与储存的主要流程

把分散的油井所生产的石油、天然气和其他产品集中起来，经过必要的处理、初加工，合格的油和天然气分别外输到炼油厂和天然气用户的工艺全过程称为油气集输。油气集输主要包括油气分离、油气计量、原油脱水、天然气净化、原油稳定、轻烃回收等工艺。油气集输系统如图4-1所示。

油气集输的简要流程由从油井至联合站的油气收集过程、联合站内部流程的油气处理流程和从联合站至原油库的油气输送过程三部分组成。

图4-1　油气集输

(1) 原油脱水

从井中采出的原油一般都含有一定数量的水，而原油含水多了会给储运造成浪费，增加设备，多耗能；原油中的水多数含有盐类，加速了设备、容器和管线的腐蚀；在石油炼制过程中，水和原油一起被加热时，水会急速汽化膨胀，压力上升，影响炼油厂正常操作和产品质量，甚至会发生爆炸。因此外输原油前，需要进行脱水。

(2) 原油脱气

通过油气分离器和原油稳定装置把原油中的气体态轻烃组分脱离出去的工艺过程叫原油脱气。

(3) 气、液分离

地层中石油到达油气井口并继而沿出油管或采气管流动时，随压力和温度条件的变化，常形成气、液两相。为满足油气井产品计量、矿厂加工、储存和输送需要，必须将已形成的气、液两相分开，用不同的管线输送，这称为物理或机械分离。

(4) 油气计量

油气计量是指对石油和天然气流量的测定。主要分为油井产量计量和外输流量计量两种。油井产量计量是指对单井所生产的油量和生产气量的测定，油气计量是进行油井管理、掌握油层动态的关键数据。外输计量是对石油和天然气输送流量的测定，它是输出方和接收方进行油气交接经营管理的基本依据。

(5) 转油站

转油站是把数座计量(结转)站来油集中在一起，进行油气分离、油气计量、加热沉降和油气转输等作业的中型油站，又叫集油站。有的转油站作业还包括原油脱水作业，这种站叫脱水转油站。

(6) 联合站

它是油气集中处理联合作业站的简称。主要包括油气集中处理(原油脱水、天然气净化、原油稳定、轻烃回收等)、油田注水、污水处理、供变电和辅助生产设施等部分。

(7) 油气储运

石油和天然气的储存和运输简称油气储运。主要指合格的原油、天然气及其他产品，从油气田的油库、转运码头或外输首站，通过长距离油气输送管线、油罐列车或油轮等输送到炼油厂、石油化工厂等用户的过程。

(8) 储油罐

储油罐是储存油品的容器，它是石油库的主要设备。储油罐按材质可分金属油罐和非金属油罐；按所处位置可分地下油罐、半地下油罐和地上油罐；按安装形式可分立式、卧式；按形状可分圆柱形、方箱形和球形。

4.2　油气管道内部检测机器人

油气管道运输作为全球5大运输方式之一，在国民经济中占有重要地位；但是由于油气管道输送的介质易燃易爆，油气管道一旦失效，极易引发重大的安全事故，严重危及当地人民的生命财产安全，并可能对当地生态环境等造成灾难性后果[33]。为确保油气管道运输安全，对油气管道进行科学检测和合理维护一直是世界各国高度关注的热点和难点。油气管道的失效主要由材料缺陷、腐蚀、外部干扰等原因造成，通常表现为管道断裂、管道变形、管道表面损伤3大类。为降低事故的发生率，定期对管道进行全面检测，在管道失效前及时发现管道缺陷并排除安全隐患尤为重要；然而，受技术和检测方法限制，油气管道的检测和维

修难度大。为确保油气管道的安全，过去通常采用人工开挖、巡检的方式，完成对油气管道的定期或提前报废检测。显然，这些方法会造成大量经济损失，并且漏检率高、效率低。

随着科学技术的发展，研究者把目光转向于开发一种专门针对油气管道检修、维护的特种机器人——管道机器人，并期望结合无损检测技术和智能化技术实现对油气管道的在线自动无损检测和维护[33]。尽管目前的油气管道机器人在某些方面还不尽如人意，但是，油气管道机器人的出现在一定程度上提高了对油气管道的检测精度、准确度和效率，并在管道维护等方面发挥了重要作用。为此，世界各国投入了大量人力和物力开展了油气管道机器人的研究，并取得了丰硕的成果。管道机器人是一种机械、电气和仪器集成系统，可以在工作人员的远程控制或计算机自动控制下，沿着小型管道的内部或外部自动行走，携带一个或多个传感器和操作机械，进行一系列管道操作[22]。

近几十年，随着自动化技术的极大进步和国民物质生活水平显著提高，各行各业的发展更多地依赖于物料输送。特别地，管道输送凭借着输送量大、方便快捷、低成本等优势，在国民经济中占有越来越大的比重，已广泛应用于石油、化工、能源、食品加工、城市供排水、农业灌溉、核工业等领域。但由于受到输送介质的化学性腐蚀、不可抗力的自然灾害以及自身缺陷的影响，极有可能发生输送物泄漏导致的，如环境污染、易燃物爆炸、能源浪费等严重事故。所以需要定期对管道内部进行检查、维护和清洁保养。传统管道检测都是由相关人员实施的，工作量大，效率低下。还有一些管道无法进行检测，例如运输有毒化学品的管道或复杂的内部结构。管道检测机器人(见图4-2)凭借其动作快、操作灵活、判断准确、成本低等优点，成为国内外研究的热点。

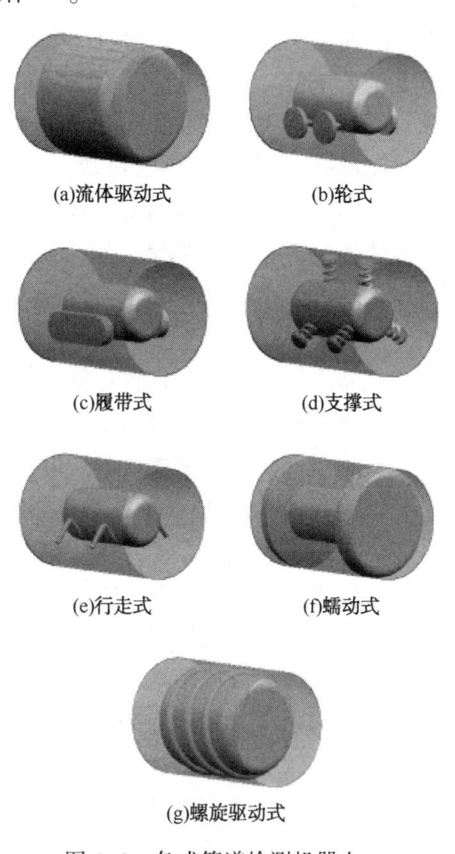

图4-2 各式管道检测机器人

(1) 流体驱动式管道机器人

流体驱动式管道机器人又称为管道猪，其驱动力直接来自流体，不需要额外增加任何动力元件；因此，只有在具有足够压力的大管径管道内才能得到有效驱动，如原油管道、天然气集输管道等。美国 GE 公司、Baker Hughes 公司、TD Williamson 公司，瑞士 ROSEN 公司生产了利用机械刮削、射流、泡沫和凝胶等清洗方式进行作业的清洗型管道猪，以实现管道清洗作业；用于涂敷、堵漏等作业的维护型管道猪，以对管道进行维护作业；基于超声波、漏磁、可视化等检测方式的检测型管道猪，以检测管道变形与局部缺陷。但是由于管道运输介质采用高压运输且存在波动性，因此管道猪的运动较难控制，其作业效果受到影响。

(2) 轮式管道机器人

轮式管道机器人类似于一辆平板小车。它的驱动通常采用电机直接驱动机器人轮子的方式，其动力源由机器人上装载的电缆或电池配送。轮式管道机器人的速度控制通常在单片机上实现，利用速度传感器检测机器人运行速度，并与实际需要的速度比较，实时调整机器人的速度来满足作业需求。这类管道机器人运动速度调节方便、运动灵活，广泛应用在短距离的管道中。有相当一部分商用管道机器人就是采用的这种结构。

Explorer 系列天然气管道视觉与无损在线检测轮式管道机器人，可进行视觉检测、漏磁检测和远场涡流检测[23,24]。MAKRO 轮式管道检测机器人可实现机器人本体的灵活弯曲与越障，可以在水平管道或坡度较小的倾斜管道内运行[25]。煤气管道检测机器人使用直线轮式驱动方式，通过平行连杆机构实现机器人变径，能够克服机身后拖动的电缆与管道之间的摩擦阻力而向前行进。三轴差动式管道机器人属于直线轮式驱动结构，由于采用三轴差速机构，使得过弯时通过性大大提高，且无寄生功率产生[26]。

但是由于给轮式管道机器人电机供电需要装载电缆或电池，因此其运动距离受到很大程度的限制。同时，轮子与管壁的摩擦力有限，在管道内流体流量较大时极难实现机器人的运动，因此轮式机器人不适用于大流量的管道内。此外，轮式管道机器人也无法在垂直管道内使用。

(3) 履带式管道机器人

履带式管道机器人是由轮式管道机器人演变而来的。轮式管道机器人由于轮子与管壁的摩擦力较小，应用范围受到很大程度的限制，因此将轮子改良为履带，可以有效地提高机器人的牵引力、越障能力；但是机器人的结构变得复杂，控制难度加大，体积也有一定程度增大，灵活性受到影响。

韩国汉阳大学 Kwon 等[27]研发的履带式管道机器人由 3 组径向均布的履带轮提供行走的动力，其上装有 CCD(Charge Coupled Device)摄像机以获取管内信息，可稳定地爬坡、通过弯管和 T 形管，但目前还处于实验室研究阶段。

(4) 支撑式管道机器人

支撑式管道机器人也是轮式管道机器人的一种变形。支撑式管道机器人周向均匀布置的支撑臂紧贴管壁，为机器人提供足够的牵引力，甚至可以克服机器人自身重力，实现在垂直管道内的运动。对称的支撑臂有效地保证了机器人中心轴线与管道中心轴线的一致性，因此，在运动稳定性上远超过轮式和履带式管道机器人。

但是，与轮式管道机器人和履带式管道机器人相比，支撑式管道机器人的结构复杂很多，速度控制的难度也大大增加。依据不同的需求，3 种机器人应用于不同的场合。

(5) 行走式管道机器人

行走式管道机器人拥有如动物腿一样的结构，可以实现管内爬行。要实现机器人的行走，需要非常复杂的机械结构和多组驱动器。虽然机器人能完成许多复杂的运动，但是其制造难度、控制难度都相当大；因此，除非十分精密的管道或者特殊作业要求，一般不采用行走式管道机器人。

(6) 蠕动式管道机器人

蠕动式管道机器人运动过程如图 4-3 所示。首先前端张紧管壁，后端脱离管壁[图 4-3(b)]；然后收缩前后端，由于前端固定，后端则向前移动[图 4-3(c)]；接着后端张紧管壁，前段脱离管壁[图 4-3(d)]；最后伸长前后端，由于后端固定，前段向前移动[图 4-3(a)]。这样，就完成了一次运动。机器人通过不断重复收缩和伸长运动，便实现了机器人本体的前进。它大多采用气动的方式驱动前后端的收缩和伸长，这样的驱动方式牵引力有限，且能量损失较大；因此，蠕动式管道机器人一般适用于小管径、短距离的管道内。

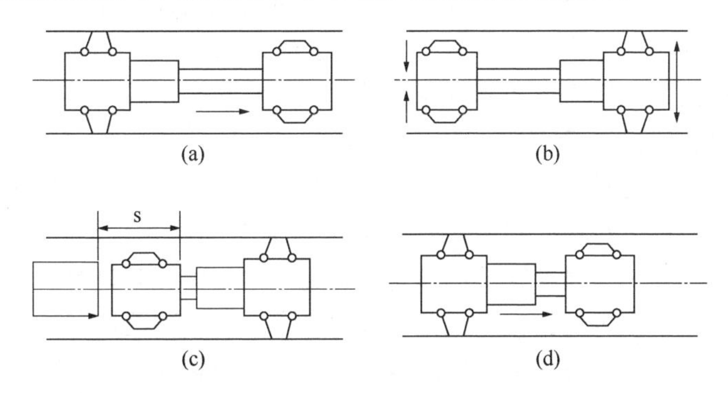

图 4-3 蠕动式管道机器人运动过程

蠕动式管道机器人有效地克服了轮式管道机器人对管壁磨损较严重的问题，在越障方面也胜过轮式机器人，因而在小管径、短距离任务中应用相当广泛。

Smartract 公司[28]和 Omega[29]公司生产的蠕动式管道机器人牵引力大、性能好，在油气井中进行测井、修井等作业表现突出。蠕动式微小管道机器人，具有0°~90°爬坡能力，可通过较大弯曲半径的管道。

（7）螺旋式管道机器人

螺旋式管道机器人是将驱动轮轴线与管道轴线之间形成一定夹角，使驱动轮沿管道壁的某一螺旋线行走，螺旋运动沿轴线的速度分量即为管道机器人的移动速度[30]。

螺旋式管道机器人实际上是支撑式管道机器人的一个演变形态。它保持了支撑式机器人封闭力的特点，同时通过螺旋运动降低速度，从而使轴向驱动力大大提高，通过改变驱动轮倾斜角实现对驱动力大小和速度快慢的调整。它更适用于管道内部周向全管径的覆盖扫描。

被动螺旋式管道机器人通过CCD摄像头实现信息的采集，整个系统采用拖缆控制方式[31]。被动螺旋式驱动管道机器人具有轴向与周向视觉检测功能，适于在直管中行走[32,33]。西华大学与香港大学合作，开发了一系列管道机器人。在2011年研制出被动螺旋式管道机器人实验样机[34]。该样机具有小范围变径的功能，但牵引力较小，在负载较大的情况下容易出现打滑现象。2012年在被动螺旋式管道机器人的基础上进行改进，研制出履带式螺旋管道机器人。该机器人具有更好的越障性能和行走稳定性，具备较大牵引力。2013年进一步开展了基于遗传算法的锥弹簧连接蠕动式管道机器人行走控制研究，并对研制成功的试验样机进行实验测试。该机器人可通过135°和90°弯管，可适应小范围管径变化[35]。

（8）漏磁通检测技术机器人

所有管道内检测技术中，漏磁通检测历史最长，因其能检测出管道内、外腐蚀产生的体积型缺陷，对检测环境要求低，可兼用于输油和输气管道，可间接判断涂层状况，其应用范围最为广泛[36]。由于漏磁通量是一种相对的噪声过程，即使没有对数据采取任何形式的放大，异常信号在数据记录中也很明显，其应用相对较为简单。值得注意的是，使用漏磁通检测仪对管道检测时，需控制清管器的运行速度，漏磁通对其运载工具运行速度相当敏感，虽然目前使用的传感器替代传感器线圈降低了对速度的敏感性，但不能完全消除速度的影响[36]。该技术在对管道进行检测时，要求管壁达到完全磁性饱和。因此测试精度与管壁厚度有关，厚度越大，精度越低，其适用范围通常为管壁厚度不超过12mm。该技术的精度不如超声波的高，对缺陷准确高度的确定还需依赖操作人员的经验。

2016年4月17日，中国航天科工三院35所研制出一款蛇形机器人“海底管道漏磁内检测器”，可下海为海底油气管道做检测，并已通过国内海上油田的实际检测，性能达到国际先进水平。该蛇形机器人可在管道内部穿梭，利用油气压力穿行，通过高精度漏磁检测技术，可以捕获并存储管道内外壁的腐蚀、缺陷信息，对缺陷点准确识别、精确定位[36]。

管道猪用途广泛，首先是无损检测智能管道猪，管道猪用于无损检测目前有两大流派，既漏磁通派和超声波派。谁优谁劣，评说不一。两大流派其原理都很简单，但将这些简单的理论付之应用却都非常困难。一般将这两类管道猪称为智能管道猪(Intelligent Pigs)，因此也可以分别称为漏磁通智能管道猪和超声波智能管道猪。超声波智能管道猪(Ultrasonic Intellignet Pig)的原理是：从探头发出的超声波脉冲，当遇到管壁表面时产生一个回波，遇到管壁底部时又产生一种回波，将第一、第二回波的间隔时间除以已知的声速即可得到壁厚值。根据对回波信号的分析，还可以检查管道内的裂纹。由于超声波探头需要耦合剂，如检测输油管道，可以直接利用石油作为耦合剂，问题不大；但是如果检测输气管道时，就必须解决耦合剂问题，而且还需解决防爆问题，故难度比较大。漏磁通智能管道猪(Magnetic Flux Leakage Intelligent Pigs)的原理是：有磁铁产生的磁通量，当遇到管壁减薄点处会出现漏磁现象，后者通过传感器接收后则转换成壁厚减薄值。

当铁磁性钢管充分磁化时，管壁中的磁力线被其表面的或近表面处的缺陷阻断，缺陷处的磁力线发生畸变，一部分磁力线泄漏出钢管的内、外表面，形成漏磁场。采用探测元件检测漏磁场来发现缺陷的电磁检测方法，即漏磁探伤。当位于钢管表面并与钢管做相对运动的探测元件拾取漏磁场，将其转换成缺陷电信号时，通过探头可得到反映缺陷的信号，从而对缺陷进行判定处理。磁粉探伤法可探测露出表面，用肉眼或借助于放大镜也不能直接观察到的微小缺陷，也可探测未露出表面，而是埋藏在表面下几毫米的近表面缺陷。

由于漏磁场检测是用磁传感器检测缺陷的，相对于磁粉、渗透等方法，有以下优点：

① 易于实现自动化。漏磁场检测方法是由传感器获取信号，计算器判断有无缺陷，它的这一特点非常适合于组成自动检测系统。实际工业生产中，漏磁场检验方法被大量应用于钢铍、钢棒、钢管的自动化检测。

② 较高的检测可靠性。由计算器根据检测到的信号判断缺陷的存在与否可以从根本上解决在磁粉、渗透方法中人为因素的影响，因而具有较高的检测可靠性。

③ 可以实现缺陷的初步量化。缺陷的漏磁信号和缺陷的形状具有一定的对应关系，特别有意义的是在一定条件下，漏磁通信号的峰值和表面裂纹的深度有很好的线性关系。缺陷的可量化使得这种方法不仅仅可以用于检测缺陷，更重要的是可以对缺陷的危险程度进行初步判断，这是实现非破坏评价的基础。

④ 在管道的检查中，在厚度高达 30mm 的壁厚范围内，可同时检测内外壁缺陷。

⑤ 高效、无污染、自动化的检测，可以获得很高的检测效率。

漏磁场检测方法在以下几个方面有其局限性：

① 只适用于铁磁材料。只有铁磁材料被磁化后，表面或近表面缺陷才能在试件表面，产漏磁通，因而，漏磁场检测和磁粉检测一样只适合于铁磁材料的表面检测。

② 检测灵敏度低。由于检测传感器不可能像磁粉一样紧贴于被检测表面，不可避免地和被检测面有一定的距离，从而降低了检测的灵敏度。对于一般的情况，文献给出的漏磁场检测的灵敏度为深 0. 1~0. 2mm 的表面裂纹。

③ 缺陷的量化粗略。缺陷的形态是复杂的，而漏磁通检测得到的信号相对简单。在实际的检测中，缺陷的形状特征和检测的信号特征不存在一一对应关系，因而漏磁场检测只能给出缺陷的初步量化。

④ 受被检测工件的形状限制。由于采用传感器检测漏磁通，漏磁场方法不适合检测形状复杂的试件。

(9) 退磁检测机器人

永磁铁退磁装置由 2~3 个磁体环组成，每相邻两个磁体环的极性相反。第一次施加磁场后，管道中的磁感应发生改变，此时管道剩磁强度记为 B_1；经过一段时间后，在该位置施加反向磁场，此时管道剩磁强度减小为 B_2；随后再次施加磁场，方向与第一次施加磁场方向一致，此时管道剩磁强度减小到接近于 0。一般情况下，第二磁体环产生的剩磁明显低于第一磁体环产生的剩磁，即 $B_2<B_1$，其曲线规律如图 4-4 所示。

从图 4-4 可见，在永磁铁退磁过程中，管道磁场实际经历了由 1—1′、2—2′、3—3′的过程，其中 H 为管道磁场强度，B' 为永磁铁磁感应强度。若管道剩磁相对较低，则永磁铁在线退磁装置可以只包含 2 个磁体环；如果管壁较厚，则可能需要安装 3 个以上的磁体环。永磁铁在线退磁效率高、节能环保，是未来油气管道退磁行之有效的方式之一[36]。

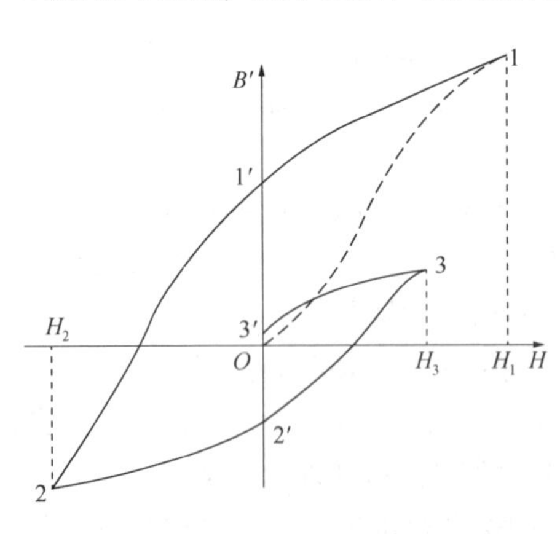

图 4-4 永磁铁退磁曲线

中国石油大学(北京)开发的退磁机器人(见图 4-5)主要由驱动部分、退磁部分和检测部分组成[37]。基于便于组装与调试的原则选用了轮式结构作为移动部分的主体。同时由于管道内部空间限制，采用同步带结构传递动力以满足空间上的需求。退磁部分选用了尺寸为 60mm×20mm×10mm 的永磁铁来组成磁体环，磁铁的磁极在两个最大面的中心。检测部分选用了 WCS-138 线性霍尔传感器。将 12 路 WCS-138 线性霍尔传感器周向均匀分布来测量管道内壁轴向剩磁信号，用 stm32F103 开发板为霍尔传感器供电，并将传感器返回的信号存储在开发板携带的 SD 卡中。

图 4-5　退磁机器人

（10）超声波检测机器人

如图 4-6 超声波检测机器人的工作原理所示，超声检测由探头发出超声波进入管道内，通过接收的回波判断缺陷状况。常规超声检测时需使用液体的耦合剂，石油可作为一种良好的耦合剂，因此该技术在液体油管道中得到广泛应用。而对于天然气管道，由于无液体作为耦合剂，常规的超声内检测方法应用困难，需发展新的超声技术，如日本 NKK 公司的干耦合超声技术、电磁超声技术。相对其他检测技术，超声波具有更强的穿透性，可检测管道内外腐蚀缺陷的形状和体积、焊缝裂纹，具有检测速度快、精度高的优点，它的局限性在于要求被检表面光滑干净，缺陷判别依赖操作人员的经验[38]。

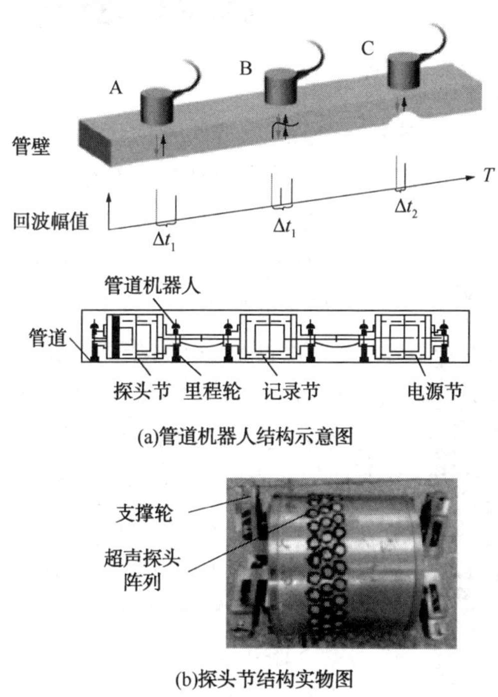

图 4-6　超声波探测机器人

（11）涡流检测技术

管道涡流检测原理如图 4-7 所示，通以交流电的线圈产生激励磁场，由电磁感应原理在管壁感生涡流，管壁缺陷的存在会破坏感生涡流及涡流反向磁场的分布，由线圈检测发现缺陷[38]。所加交流电激励频率越低，检测深度越深，但能量衰减越大，故涡流检测对表面和近表面缺陷最敏感。随着技术发展，出现了穿透深度更大的脉冲涡流技术，检测时不需要去除防腐和绝缘涂层。

动生涡流检测技术，采用永磁体代替交流线圈激发涡流，图 4-8 为基于该原理的管径 305mm 管道在线内检测结构。远场涡流技术，通常包括 1 个激励线圈与多个检测线圈，2 个线圈距离为管径的 2~3 倍。

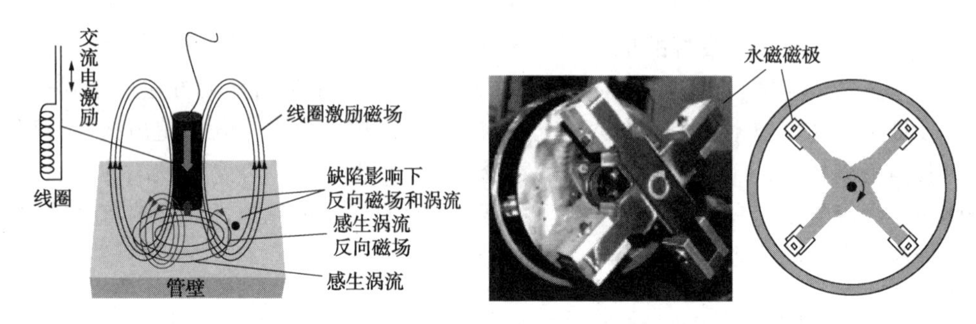

图 4-7　管道涡流检测原理　　图 4-8　动生涡流检测技术

图 4-9 所示为 Russel NDE System 公司基于远场涡流技术的蛇形检测工具。涡流检测技术能较好地发现管道内外的表面缺陷，对被检表面要求不高，检测前不需要做清理，其局限性有：检测结果受管材磁导率、涡流线圈提离高度影响较大，检测数据需专业人员解释。

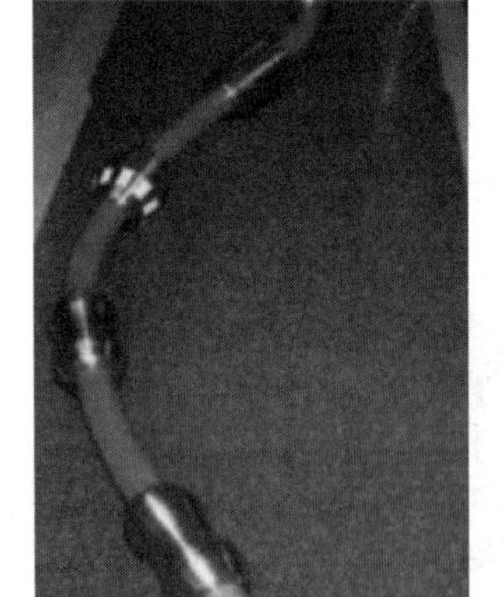

图 4-9　蛇形检测工具

（12）可视化检测技术

管道可视化检测技术，由管道爬行器携带摄像头对管道内部拍摄记录，再由专业人员根据拍摄结果评定管道内部缺陷及腐蚀情况。图 4-10 所示为 Robotics 公司研制的管道闭路电视在线检测设备，可分别对管径 305~406mm 和 457~1219mm 的中低压天然气管道进行在线检测。该技术能直观显示管道内部情况，检测速度快，操作方便，但仅限检测管道内壁肉眼可见的缺陷，检测结果受操作人员专业水平影响较大[36]。

(b)较大管径检测

图 4-10 管道可视化检测技术

(13) 射线检测技术

管道射线检测技术(见图 4-11)，一般将放射源(X 射线或 γ 射线)放入管道内，同时管道外安装胶片进行曝光成像，缺陷的有无会影响材料对射线的吸收情况，通过成像结果可评定管材缺陷状况。该技术一般用于油气处理工艺管道检测、埋地管道安装时焊缝的检测，图 4-11 所示为实际使用射线检测管道焊缝结果。射线检测应用广泛，可用于检测大部分管道内外缺陷、焊缝裂纹，但检测速度慢、过程复杂、射线辐射对人的健康影响大、不易实现在线检测[36]。

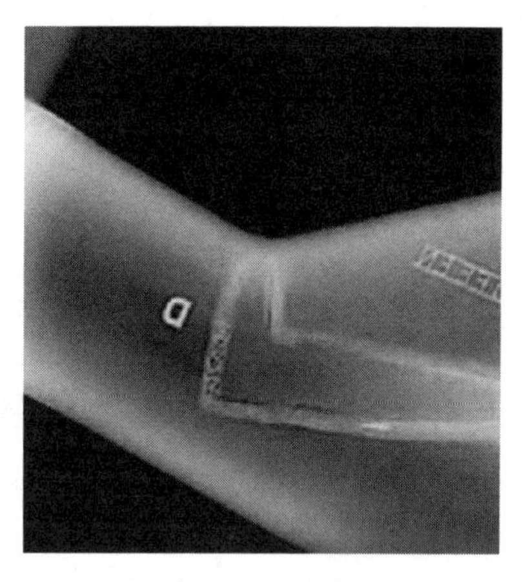

图 4-11 管道射线检测技术

4.3 海洋管道外部巡检机器人

根据对海洋管道检测位置的不同，海洋管道检测技术可分为海洋管道外检测和海洋管道内检测。海洋管道内检测一般使用各种海洋管道内检测器完成，如管内检测机器人等，它们采用不同检测原理，并借用管道内部流体流动产生的推力来完成其在管道内部的移动，从而进行管道内部的检测。而海洋管道外检测是指在管外对海洋管道进行检测，主要是对海洋管道外部环境状况和海洋管道自身状况进行检测。其具体分类方法如图 4-12 所示。

如图 4-13 所示，根据机器人与水面支持基站的联系方式的不同，海洋管道管外检测机器人分为遥控水下机器人(Remotely Operated Vehicle，简称 ROV)、自治水下机器人(Autonomous Underwater Vehicle，简称 AUV)、混合型水下机器人(Hybrid Remotely Operated Vehicle，简称 HROV)。

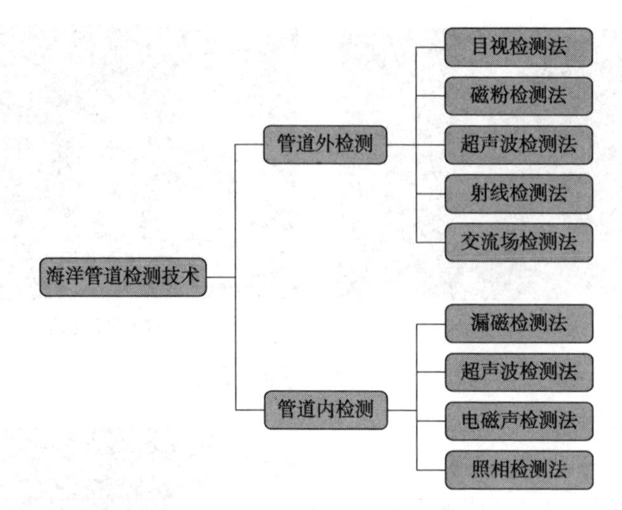

图 4-12　海洋管道检测技术分类

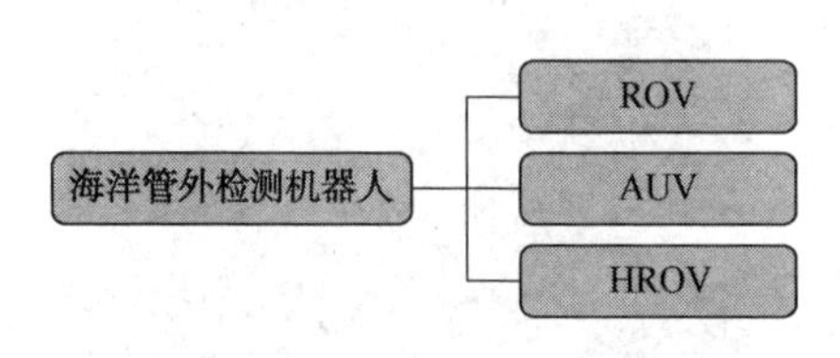

图 4-13　海洋管外检测机器人分类

遥控型海洋管道管外检测机器人将遥控型水下机器人 ROV 作为其载体，在水下机器人上搭载各种管道检测设备，通过工作母船放置在海洋管道上，通过 ROV 上的脐带电缆获得电、液、气等能源支持，并可传送遥测数据和操作指令，独立完成大范围海洋管道检测工作。

自治型海洋管道管外检测机器人将无缆型自治水下机器人 AUV 作为其载体，它是完全自主运行的，不需要人为对其进行干预。因此它的工作效率较高，活动范围很大。可不依赖母船的支持，完全依靠其自身的自主运行能力，独立完成大范围海洋管道检测工作。

混合型海洋管道管外检测机器人将混合型水下机器人 HROV 作为其载体，具有 AUV 和 ROV 两种工作模式。AUV 模式主要适用于海洋管道的大范围探测，它利用摄像机、声呐，通过图像识别技术、水声通信技术、预编程技术、自适应路径规划技术完成远距离探测和大面积搜索任务，检测到目标位置后，可在很短时间内自动切换至 ROV 模式。切换至 ROV 模式后，HROV 利用自身携带的电源，通过光纤和睡眠基站进行通信，对目标物实施近距离的采样和成像，并利用机械手、摄像机、照明灯等设备等完成遥控工作任务。

（1）Oceaneering 公司 Magna 海底管道检测机器人

对于难以进行管道内检测的海洋管道而言，自动化程度更高、更新型、更先进的海洋管道外检测技术仍旧是各专家、学者的研究重点。

Magna 海底管道检测机器人是美国 Oceaneering 公司研发的最新一款海底管道智能检测机器人，由 ROV 为其提供通信及电力连接，应用范围广，技术水平高。

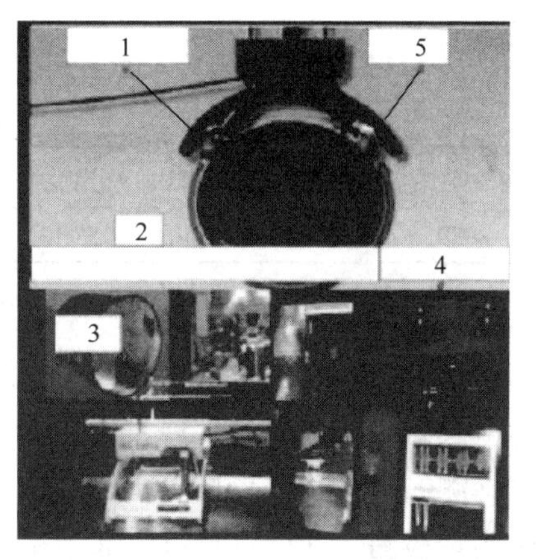

图 4-14 Oceaneering Magna 海底管道检测机器人装置组成

1—通信及电力电缆；2—ROV；3—支撑架；4—水上分析系统；5—检测系统

① 装置组成。Oceaneering Magna 海底管道检测机器人装置组成如图 4-14 所示。主要包含支撑架(具有支撑磁轮)、通信及电力电缆、检测系统(具有信号储存系统、信号接收机、信号发射机)、与机器人配合的水上分析系统，由 ROV 提供通信和电力。

② 检测原理。它利用电磁超声换能器技术(Electromagnetic Acoustic Transducer, EMAT)，在不影响生产的情况下深度可达 3048m 水下完成海底管道管外检测。它采用高速超声扫描对管道进行 360°检测，能够发现沿管道周向 360°的缺损异常情况并且可提供关于技术管道结构的实时数据，可用于某些不适合进行管道内检测的海底油气管道。

③ 检测过程。Magna 海底管道检测机器人检测过程如图 4-15 所示，该机器人在支持母船上与 ROV 连接通信及电力电缆。到达目标海域后，由 ROV 携带的机械手抓取并放置在海底油气管道顶部，由设备所携带的磁轮吸附在海底管顶部，检测机器人沿管道自动爬行，完成检测任务。整个工作过程由 ROV 提供视频监测，并且由水上控制系统控制整个检测过程的速度和精度等。

④ 特点。Magna 海底管道检测机器人的适用水深为小于 3000m，适用范围十分广泛，见表 4-1。主要有以下特点：a. 具有剪切水平导波和 lamb 导波等先进的超声波技术。能够识别管道总体壁厚缺损和管道局部缺陷。b. 集成了美国 Oceaneering 公司的 SeaTurtle 自动化扫描仪和独特的超声波扫描技术，可搭载在任何 ROV 上。c. 该检测机器人可检测出管道的外部和内部损伤，如点蚀、裂纹、腐蚀以及一些潜在损伤。d. 提前检测出潜在损伤，防止在海底油气管道发生损坏后对生态环境造成严重破坏。e. 与传统的管道外检测机器人相比，该设备只

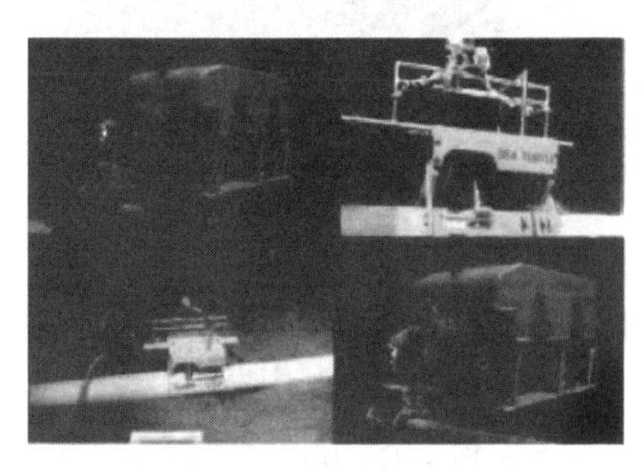

图 4-15 Magna 海底管道检测机器人检测过程

需清理海底管道顶部表面，大大减少了清理海底管道下部泥沙的工作量。

表 4-1　Magna 海底管道检测机器人工作条件

直径范围/mm	工作水深/m	工作温度/℃	测试速度/(m/min)	壁厚范围/mm	涂层厚度/mm
<101.6	<3000	-18~121	<9	<38.1	<5.5

(2) Tracerco 公司 Discovery 海底管道检测机器人

Tracerco 公司研发的 Discovery 海底管道检测机器人即是全世界首个海底油气管道放射性扫描检测机器人，并首次实现了双层海底保温管道的外壁与内壁的同时检测。它可在不影响生产的条件下对立管、管束、双层保温管等管道的壁厚变化实现检测，并可对管道内部结蜡、水合物等介质流动状态参数进行检测。该种检测机器人有一系列能适用不同管径、不同工作水深的产品。该技术在墨西哥湾的深水管道检测项目中已实现了数百次成功的应用。

① 装置组成。该海底管道检测机器人主要结构如图 4-16 所示，主要包含支撑架(为设备提供支持)、ROV 抓手(抓取并移动检测机器人)、扫描系统(提供海底管道检测的扫描源)、计算机系统(存储检测所得到的管道信息，提供数据接口，连接水上分析系统，对数据进行分析，显示出管道内部流动状态与管道厚度等参数)。

② 检测原理。该检测机器人应用电子计算机断层扫描(Computed Tomography, CT)原理，利用灵敏度十分高的探测器和十分准直精确的 X 射线沿海底管道周向 360°实现快速连续断面扫描，并具备快速成像功能，如图 4-17 所示，以便现场监测人员快速得到管道运行状态以及管道壁厚等信息。

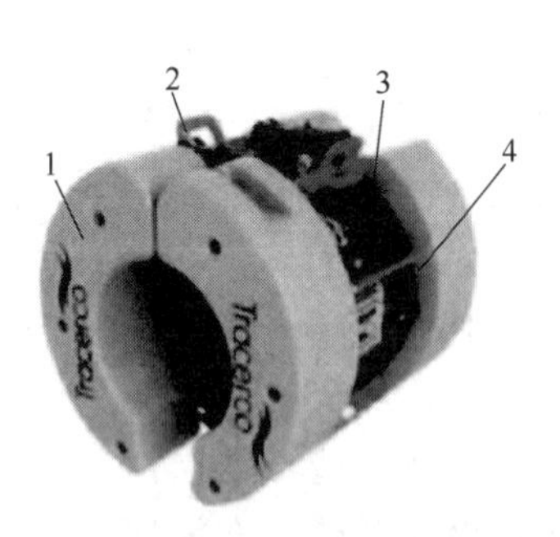

图 4-16　Discovery 海底管道检测机器人装置组成

1—支撑架；2—ROV 抓手；3—扫描系统；4—计算机系统

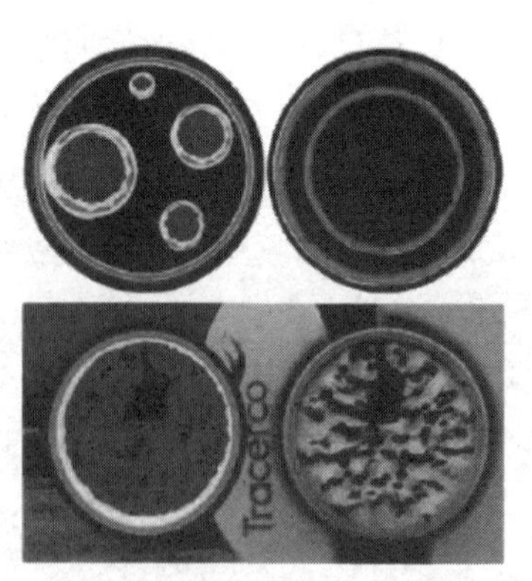

图 4-17　Discovery 海底管道检测机器人检测原理

③ 检测过程。Discovery 海底管道检测机器人的检测过程如图 4-18 所示。该检测机器人搭载在 ROV 工具栏中，与 ROV 一并下潜到海底，通过 ROV 的机械手将其抓取并放在事先挖开暴露的海底管道处，其上的支撑机构环抱在海底管道上，机器人内置的扫描系统开始旋转，对管道截面圆进行检测，将扫描得到的信息储存在计算机系统中，ROV 将实时监测整个扫描过程。

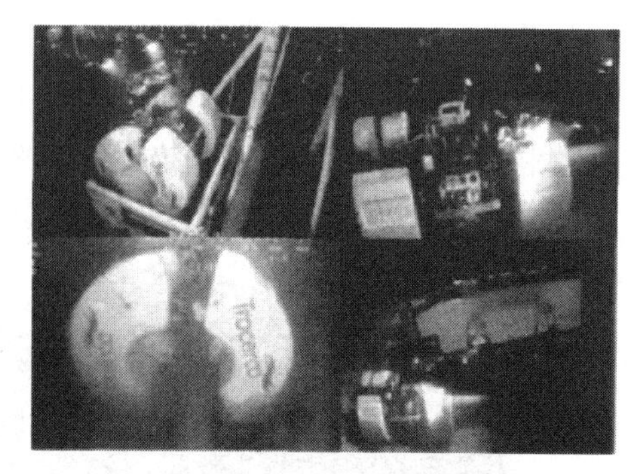

图 4-18　Discovery 海底管道检测机器人检测过程

该海底管道检测机器人具有如下特点：

① 该海底管道内检测技术从根本上解决了管道检测机器人容易卡在管道内并影响油田正常生产的难题。

② 对不能进行清管作业的管道区域仍可获得海底管道的检测数据。

③ 利用可快速将水下检测机器人固定在管道上，且海底管道外保护层不会影响检测机器人的正常工作，射线可穿透 80mm 的管道外保护层(保护层的材质一般为聚丙烯、混凝土、熔结环氧粉末)，减少检测工作量，节省成本，降低风险。

④ 实时在线通信系统能快速地获取管道的检测信息，不影响油田的正常生产，自动化程度很高。

⑤ 可在海底管道外部精确检测双层保护层下的管道内外壁的壁厚减薄、缺陷、内外管的进水情况，并且能准确识别海底管道内部的填充物是结蜡、水合物、结垢还是沥青质。

⑥ 检测精度非常高，管道径向分辨率为 2mm。

⑦ 具有不同系列规格的产品，可满足不同水深和管径的要求。其主要缺点在于需要将管道全部挖开，挖掘工程量大，检测速度不高，适合对管道进行精确检测。此外，该海底管道检测机器人携带放射源检测设备，因此需要保证机器人在运输、工作过程中对生态环境没有污染。

(3) EU 公司的 Flex Riser Test 项目

目前大部分的海洋立管检测是基于视觉系统的，一般由 ROV、AUV 或潜水员完成。潜水员费用高，潜水时生命安全有风险并且有作业范围的限制。ROV 必须与立管保持安全的距离，只能远距离观测。也可以将传感器直接安装在立管表面以测量拉力和运动状态，然而这种方法有一些局限性，就是这些传感器大多安装在固定点并与能实时下载的数据记录器相连。

EU 公司的研究项目“Flex Riser Test”建立了一个柔性立管检测机器人的模型(见图 4-19)，并进行了测试，其 NDT 检测系统基于一种同位素基的 gamma 射线检测装置，该系统可自动扫描射线图像以找出问题。该机器人的设计工作深度为 2000m，包括 2 个铰接体以及一个由液压执行机构和阀组成的系统，可在立管上做间歇运动。

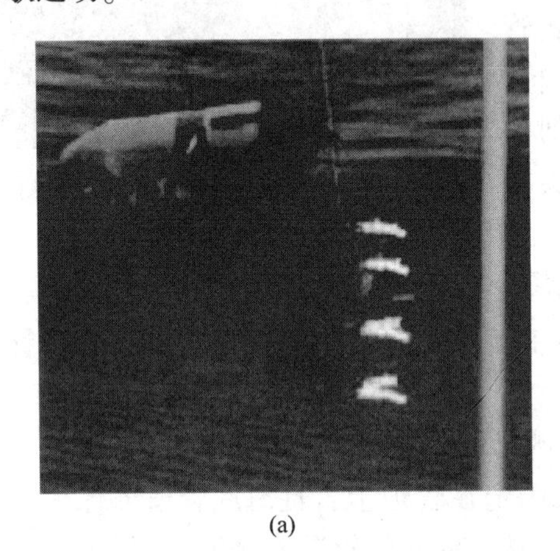

(a)

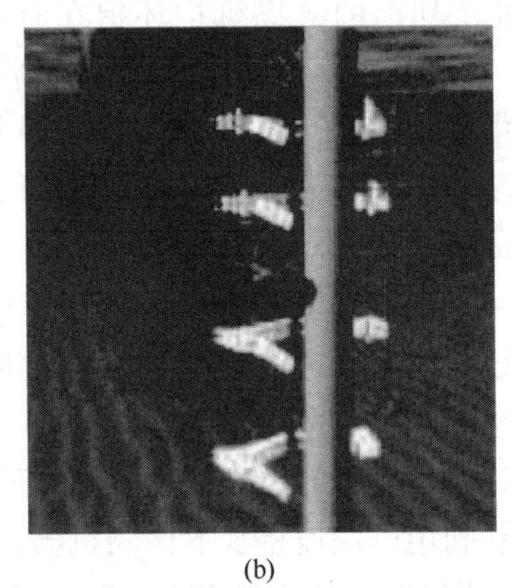

(b)

图 4-19　柔性立管检测机器人

(4) 巴西 PETROBRAS S/A 公司的 AURI 机器人

巴西国有石油公司 PETROBRAS S/A 与里约热内卢天主教大学的合作项目研制了一种 AURI 机器人，如图 4-20 所示，可检测立管外鞘上的损坏(外直径是 190~360mm)，该机器人由一对电驱推进器推动。装载在该机器人上的感应器包括相机、压力传感器、里程计、指南针、倾角计、温度计，该机器人已在人工水下环境中进行了测试。

(5) 里约热内卢联邦大学的 SIRIS 机器人

里约热内卢联邦大学研制了一种 SIRIS 海洋立管管外检测机器人(见图 4-21)，该机器人由金属框架(具有聚合物材料制成的滚轮)、水下密封电机、水下推进器、水下摄像机、浮体材料、电子密封舱(包含电力电子系统)组成。如图 4-21 所示，该机器人由 ROV 或潜水员将其带至水下，由机器人上的水下电机带动金属框架抱合在海洋立管上，由水下推进器带动机器人沿管道轴向运动进行检测。该检测机器人通过脐带电缆与基船或水面基站实时通信，基船或水面基站向机器人提供 110V 的交流电。该机器人的逻辑单元由一个 32 位的 ARM 单片机控制，该控制器通过 RS-485 通信协议与母船或控制基站的主控计算机相连，可实时监控水下机器人的运行状态和管道检测数据。该水下机器人已进行了水池试验，证明了其结构与功能的可靠性。

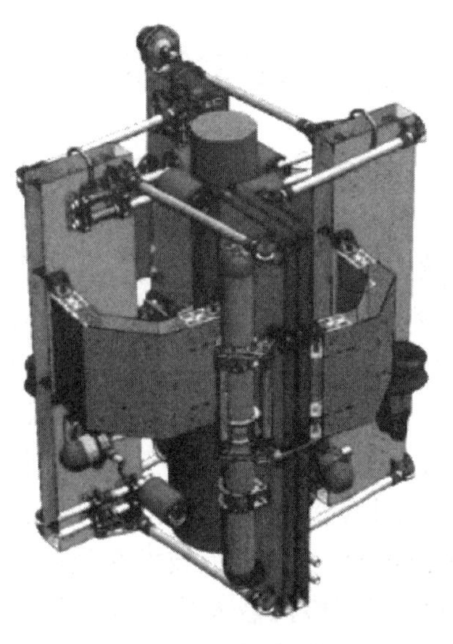

图 4-20 AURI 机器人

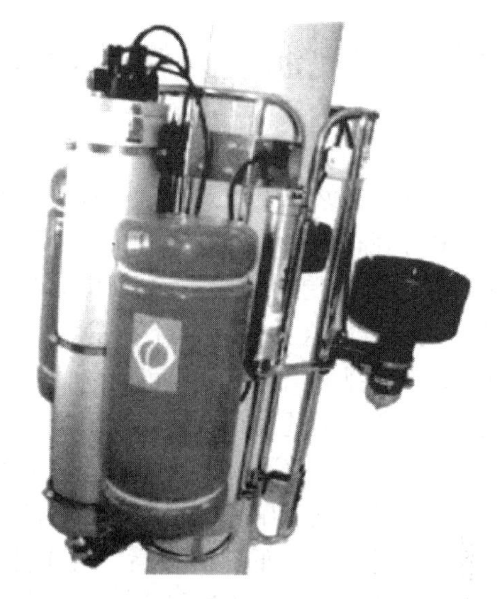

图 4-21 SIRIS 海洋立管管外检测机器人

(6) 西南石油大学的海洋管道管外检测机器人

海洋管道管外检测机器人总体结构示意图如图 4-22 所示，主要包括浮力框架、浮体材料、水下推进装置、抱爪机构、越障装置、电子密封舱等。

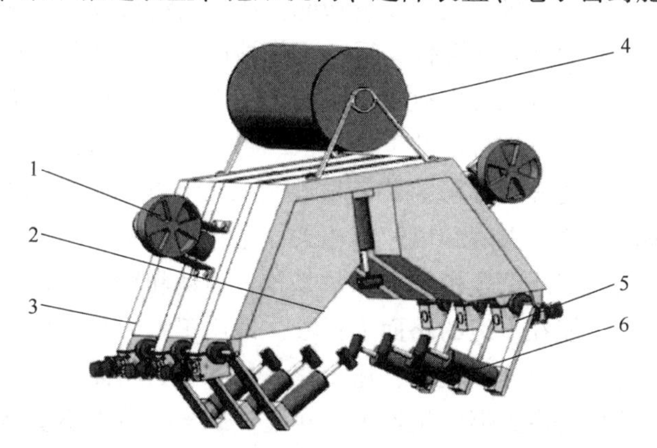

图 4-22 海洋管道管外检测机器人总体结构示意图

1—水下推进装置；2—浮体材料；3—浮力框架；4—电子密封舱；
5—抱爪机械；6—越障装置

西南石油大学的团队对海洋管道管外检测机器人的总体方案进行了设计。给出了机器人的总体结构形式和设计参数，并对机器人的水下推进器和电机进行了选型，最后对机器人的越障和过弯管方案进行了阐述。

4.4 陆地油气分输站和油气管道外部巡检机器人

目前对于油气分输站和油气管道外部巡检，主要采用人工巡检与监控技术相结合的方式，由站内工作人员定期检查设备损坏以及管道泄漏情况。然而，人工巡检方式存在很多无法解决的弊端，劳动强度较大但工作效率却很低，在雨雪等天气条件下，会受到影响，而且工作人员重复相同的工作，容易产生不良情绪[39]。对于管廊这类复杂的封闭环境，工作人员难以及时找到故障发生位点，并且管道泄漏排放出的有毒及可燃气体会对工作人员安全构成威胁。视频监控系统也有很多不足之处，存在盲区，很难实现全方位覆盖。另外，由于摄像头数量特别多且系统比较复杂，因此经常会发生故障，维护起来比较困难。近几年，国家大力实施自动化降压减人、机械化更换人的工作方针，机器人技术在我国发展迅速，越来越多成本低、效率高、可靠性高的智能巡检机器人被设计和研制出来，并逐步广泛地应用于油气行业，替代人工巡检，弥补了人工巡检存在的一些不足。智能巡检机器人是一个融合多种计算机技术的复杂系统，在各种传感器的协作帮助下，可以检测设备的实时状态，并开展相应的工作，为工作站的员工减轻负担[39]。

油气行业的智能巡检机器人有以下功能：通过高清摄像头采集图像和视频并传输到后台存档；借助红外测温仪，反映工作站设备的温度分布情况，方便工作人员找出存在的问题，避免发生故障；通过激光甲烷检测仪，能够及时发现天然气泄漏位置，让工作人员进行修补工作；依靠超声波传感器，定位并识别各种障碍物，确保在巡检时能够避开障碍物，防止自身受到损坏；在互联网的帮助下，获取工作站周围的天气、温度和风速等相关信息，切换不同的工作模式[39]。

目前投入使用的智能巡检机器人多数是轮式驱动和履带式驱动底盘。轮式驱动移动速度快，但只能在平坦的路面上行驶，适用于室内和铺装路面。履带式驱动可以跨越障碍物，不过速度较慢，适用在室外和恶劣路面。对于管廊这一特殊环境，采用较多的是轨道式巡检机器人。轨道式巡检机器人不受地形限制，精确控制运动路线，运动速度快，工作效率高，但需提前铺设好轨道，运动路线受轨道限制。

4.4.1 国外研究现状

智能巡检机器人(见图 4-23)最早使用于电力行业，早在 20 世纪 90 年代，日本四国电力公司与日本东芝有限公司联合开发了变电站巡检机器人，通过红外热像仪和数字图像采集装置，获取变电站内的信息[39]。

2008 年，巴西圣保罗大学开发研制了一种用于变电站内部温度检测的移动式机器人，如图 4-24 所示，体积和重量都比较小，易于操作，红外热成像仪通过架设在变电站上面的高空轨道移动[39]。

图 4-23　智能巡检机器人

图 4-24　内部温度检测移动式机器人

美国自主研发的变电站检测机器人如图 4-25 所示，能够自动对电力设备进行红外检测，并使用检测天线定位局部放电的位置[39]。

2013 年，加拿大研制出一种既可以检测也可以操作的机器人(见图 4-26)，拥有视觉和红外检测的功能，而且能够进行远程遥控[39]。

图 4-25　变电站检测机器人

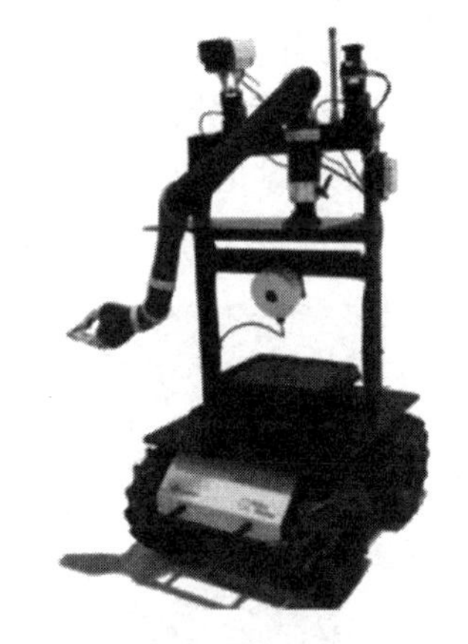

图 4-26　遥控式智能巡检机器人

对于油气行业，由于装置密集，存有易燃、易爆、有毒、有害物质，导致开发智能巡检机器人代替人工完成巡检任务难度较大，目前该领域应用的智能巡检机器人较少。国外较有名的是壳牌公司委托美国国家机器人工程中心研发的一款可被许可用于油气行业爆炸性环境的机器人 Sensabot，如图 4-27 所示。该机器人应用于哈萨克斯坦卡萨干油田，替代人工检测管道、阀门、泵以及仪器、仪表等设备状态，可连续 6 个月不检修稳定运行，采用半自动方式控制[40]。

图 4-27 机器人 Sensabot

4.4.2 国内研究现状

国内对智能巡检机器人的研究起步较晚，但发展十分迅速。2004 年，我国自主研发的第一台巡检机器人诞生。2007 年，山东电力研究院的鲁守银等深入研究了智能巡检机器人系统的总体结构，并基于摄像机、高性能定向 MIC 等传感器，给出了实现巡检机器人图像识别及温度测量等功能的方法，提高了变电站设备运行的安全性。中国石油大学(华东)的矫德余在控制硬件设计中，使用 ARM 嵌入式系统和 Linux 操作系统，让巡检机器人系统更加智能化，为后续复杂的应用提供了条件。电子科技大学的邹其雨设计了 SIPR 数据采集及监控系统，提高了工作站设备维护和检测的自动化水平[39]。

近几年，国内油气行业巡检机器人发展迅速。2018 年中国石油首台巡检机器人在长庆油田采气四场使用，以电动四轮驱动，配有 360°转动的摄像头，可以在晚上使用，装配气体检测仪和声音采集装置，实现了气、声、光三项数据收集和各类危害风险的自动化预警[39]。

巡检机器人投入使用情况如图 4-28 所示。

图 4-29 为中卫站的第二代智能巡检机器人，可以实现设备状态智能监控、数据智能采集分析、及时报警等功能[39]。

图 4-28 巡检机器人投入使用

图 4-29 巡检机器人工作图

西安市油气田智慧装备工程技术研究中心研发的第二代 5G 激光机器人(见图 4-30)，通过激光雷达导航，利用激光甲烷检测仪和红外线甲烷检测仪检测工艺区甲烷含量，在红外热成像仪和摄像头的帮助下检测设备温度及仪表读数，同时将采集的图像和数据，通过无线传输系统发送到控制中心[39]。

北斗油气站场智能巡检机器人(见图4-31)，通过北斗精准定位、三维激光SLAM建模，拥有无人驾驶自主避障行驶和精准定位能力，可以轻松完成路线规划且多任务自主执行[39]。

图4-30　第二代5G激光机器人

图4-31　北斗油气站场智能巡检机器人

4.5　海上石油泄漏污染处理机器人

石油是国家经济发展的命脉。人类对于石油资源需求日益增加，大量石油的开采、运输和使用，也导致海上石油泄漏事故频发，海洋石油污染空前严重。石油泄漏入海，不仅使珍贵的石油资源浪费，造成经济损失，还会对海洋生态环境造成破坏。据测算，1t石油进入海洋后，会使12km^{2}的海面覆盖一层油膜。油类对海洋生态环境的危害主要表现在以下几方面：油膜阻碍大气与海水之间的交换，减弱太阳光辐射透入海水的能力，影响海洋浮游植物的光合作用；油类附在藻类、浮游植物上也会妨碍光合作用，造成藻类和浮游植物死亡，进而降低水体的饵料基础，对整个生态系造成损害；油类中的水溶性组分对鱼类有直接毒害作用，可使鱼类出现中毒甚至死亡；油膜附着在鱼鳃上会妨碍鱼类的正常呼吸，对鱼虾的生存、生长极为不利；沉降性油类会覆盖在底泥上，破坏底栖生态环境，妨碍底栖生物的正常生长和繁殖；油类可直接使鱼类变臭或随食物进入鱼、虾、贝、藻类体内，使之带上异臭异味，影响其经济价值，危害人们的健康。鱼和虾对油类的着臭浓度为0.05mg/L；油类还可降低鱼类的繁殖力，在受油类污染的水体中，鱼卵难以孵化，孵出鱼苗多呈畸形，死亡率高，虽然《渔业水质标准》中规定油类含量不超过0.05m/L，但是，当水体中油浓度超过0.01m/L时，就已对孵化不利[41]。

根据科学研究表明，1kg石油完全氧化需要消耗40×10^{4}L海水中的溶解氧，即1mg石油氧化约需要3~4mg溶解氧。海水缺氧容易使浮游动物、鱼类、虾、贝、珊瑚的卵和幼体等水生生物窒息死亡，生态生物资源严重受损。大面积溢油污染，海鸟也无法摆脱厄运，被石油污染扼杀致死。所以一起大规模的石油污染事件，会引起大面积海域严重缺氧，使海水中的生物面临死亡威胁[41]。

石油污染物与常规污染物有所不同，一旦污染水域或食物链，进入人体后不易遭到破坏，并且仍保持它的持久性、累积性、迁移性和高毒性时，必然危及机体，表现出致癌性、致变性和致畸性，严重威胁人类健康，因此，必须引起全社会的高度重视[41]。

4.5.1 石油泄漏污染追踪机器人

在2010年4月美国墨西哥湾漏油事件中，为了在海湾重点区域跟踪监测漏油痕迹，相关人员采用了一款由RAPID研发，名为Grace的机械鱼，如图4-32所示。通过其装备的原油传感器、GPS和无线网络通信，机械鱼群可以自主游行在海湾探测和追踪油柱。

这款机械鱼与其他机械仿生鱼相比，除了游泳，还多了滑翔这一运动模式。一般机械鱼游泳需要不断拍打尾巴，几个小时后电量就会被耗尽。该款机械鱼的滑翔运动能量消耗小，可以进行长距离滑翔。该款机械鱼滑翔的能力是通过一个新安装的泵使机械鱼上升下降来实现的，这使该款机械鱼像是一个装有鱼尾的飞机在滑行。这两种运动模式的集合使该款机械鱼能够适应不同的环境，从浅溪到深湖，从平静的池塘到河流甚至湍急的水流。

墨西哥湾漏油事件后，许多人开始关注石油追踪泄漏污染机器人的研究，比较著名的是大阪大学的研究人员开发的SOTAB系列机器人。

SOTAB-Ⅰ(见图4-33)是一款配备浮力控制装置和两对旋转鳍的水下浮标机器人。SOTAB-Ⅰ不仅可以通过浮力控制装置在海面到2000m水深的垂直方向上移动，还可以通过两对旋转鳍在水平方向上移动。在机器人的下部配置能够检测海中的油和气体成分的传感器、海洋环境测量传感器和流速传感器，另外，机器人的头部装备有GPS、卫星通信装置和带声学调制解调器的声学导航系统装置，使其可以追踪泄漏的石油并提供实时位置数据。

图4-32 Grace机械鱼

图4-33 SOTAB-Ⅰ

工作时当SOTAB-Ⅰ一进入水中，SOTAB-Ⅰ就开始通过减少浮力潜入水下寻找石油，并在水下将传感器生成的图像送回水面。当机器人发现一些疑似石油的东西时，它会重新调整浮力，浮回水面，用4个鳍游向浮油。然后采集水样，确定有多少石油存在。最后SOTAB-Ⅰ会跟踪海面的浮油，并发送有关其位置以及周围气象和海洋状况的实时数据。SOTAB-Ⅰ工作示意图如图4-34所示。

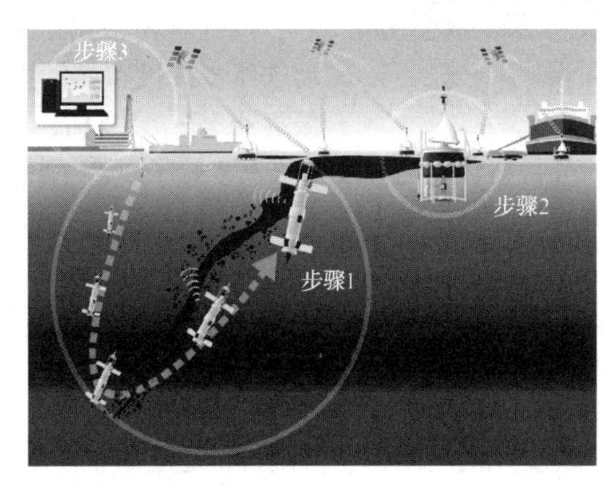

图4-34 SOTAB-Ⅰ工作示意图

SOTAB-Ⅱ(见图4-35)是一款由一个圆柱形浮体和一个可调节的帆组成的游艇形状的浮标机器人，可以通过GPS、风速计、测速仪、姿态传感器来控制速度和方位角以跟踪浮油。SOTAB-Ⅱ的速度是通过调整帆的面积来控制的，方向是通过调整方向舵来控制的。此外，桅杆上还安装了一个浮油荧光传感器，用于控制机器人在浮油内的位置。

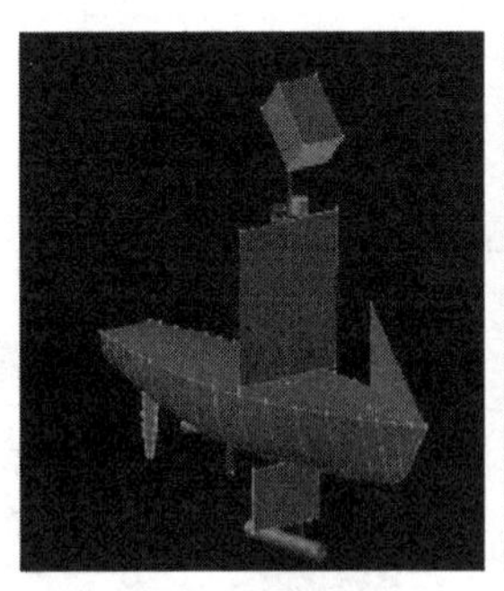

图4-35 SOTAB-Ⅱ

4.5.2 海上石油回收处理机器人

在墨西哥湾漏油事件后，石油回收处理机器人的研究也同样迎来了许多人的关注。其中比较著名的有以下几种。

图 4-36 仿生漂浮机器人

(1) Neusbot

Neusbot(见图 4-36)是由美国加州大学河滨分校的研究人员设计的一种仿生漂浮机器人，通过机器人底部的吸油材料来吸收清除海上溢油。

该机器人采用了研究组研发的光驱动软体蒸汽机和光动力软振荡器来驱动。振荡器有三层结构，中间有水凝胶层包含等离子体纳米棒，可将光转化为热量并蒸发水分子以产生持续的蒸汽。通过控制光强度，产生的蒸汽气泡对振荡器的机械平衡产生可控的扰动，从而导致自适应的连续或脉冲振动。在持续光照下，它可以根据外界的光强度执行连续机械振动或者脉冲阻尼谐波振动。即使用蒸汽作为工作流体将光能转换成机械能，因此其工作原理类似于传统的热蒸汽机[42]。

这是一种新型的可以在光照下实现持续振动的方法，它突破了原有的软体振荡器不能适应外界环境变化的局限，使得制备自适应的软体驱动器和下一代智能仿生软体机器人成为可能[42]。

该机器人受水黾脉冲式、间断的运动方式的启发，采用了一种可以以类似的独特运动方式实现浮游的设计，其具有弯曲的形状，两端可以与水面直接接触，水则可以通过中间的水凝胶层连续传递到机器人身体中作为“燃料”。由于该机器人底部的疏水性，它能轻松在水面上漂浮。而机器人的运动则由光驱动：光的照射产生高温，导致水蒸发，蒸汽气泡的持续产生和破裂被利用来提供能量以驱动机器人的周期性运动和转向[42]。

(2) Bio-Cleaner

该机器人由 HsuSean 公司设计，其主体是一个小型无人机，如图 4-37 所示。作业时，该机器人由直升机投放在浮油上。其装备的生物传感器能使机器人一直跟随着海面上流动的石油。该机器人会吸入污染的海水，然后进行过滤并通过内部包含的细菌来降解过滤出的石油，再将清洁的海水排出。与此同时机器人还会释放特定的声学信号，驱赶污染区内的海洋动物。整个清洁过程会依靠海洋能电池供电，而波浪运动会为其提供能量。

图 4-37 Bio-Cleaner 机器人

(3) 游来油去(Oil Cleaning Guard)

该机器人(见图 4-38)由湖南大学设计，并获意大利第十二届“科技创新奖”可持续设计类产品一等奖。该机器人采用新型混合纤维吸油材料，其工作原理如图 4-39 所示，能高效将水油分离处理，回收过程中降低了人工作业安全风险；采用遥感控制多机协同作业，能迅速围拢海面原油防止其扩散；作业的同时发出警告信号，能驱散附近海域的鸟类和鱼群，避免生物污染；同时，机器通过波浪驱动，续航能力持久且环保[43]。

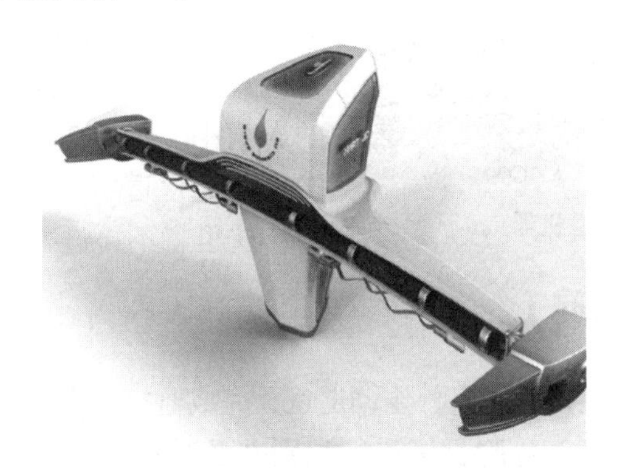

图 4-38 游来油去机器人

图 4-39 游来油去工作原理

4.6 油库机器人

油库指用以储存油料的专用设备、企业和单位。油库是协调原油生产、原油加工、成品油供应及运输的纽带，是国家石油储备和供应的基地，它对于保障国防和促进国民经济高速发展具有相当重要的意义。随着机器人技术的发展，为了提高油库的作业效率和安全管理水平，可以采用以下机器人技术。

4.6.1 管道机器人

管道机器人(见图 4-40)是能在管道内部移动，对管道进行检修维护作业的特种机器人，它通过携带不同的执行机构，在运行中的油气管道内进行在役检测、清理、维护。按照移动方式分为主动式、被动式两大类。被动式管道机器人利用管道内流体压差推动，工作距离长，通常被称为 PIG。主动式管道机器人按照驱动方式又分为轮式、履带式两种。这种机器人在管道内部行动，受外界环境的影响小，适合油库埋地管道的检测维护作业。管道机器人在前文已有详细介绍，这里就不再进行详细描述。

图 4-40 管道机器人

4.6.2 安防机器人

安防机器人是能在室内或室外主动巡逻，完成监控、人脸识别、危险源检测任务的机器人，能够快速对危险目标进行识别并及时示警，有地面式和无人机式两类。安防机器人综合运用了导航技术、定位技术、路径规划技术、自动识别技术，具有巡逻路线全面、危险识别精准、工作时间灵活的特点。合理运用安防机器人，能够在油库形成空间立体、时域全面的安防体系，提高库区的安全管控力度[44]。

4.6.2.1 国外研究现状

美国硅谷的机器人安保公司 Knightscope 研发和生产了 K1、K3、K5 和 K7 系列安防机器人，如图 4-41 所示，K1 主要用于各种车站场所、K3 用于室内、K5 用于室外、K7 用于多种复杂地形，其中 K5 系列已经和 16 个国家签约使用，该机器人拥有 GPS 定位、激光扫描、沿指定线路巡逻或者任意自主行走和热感应等多项功能，并配备有监控摄像机、感应器、气味探测器和热成像系统，连接手机可进行数据传送[45]。

新加坡公司 Otsaw Digital 将安防机器人和侦查无人机有机地整合在一起，所研发设计的 O-R3(见图 4-42)是全球首款侦查范围覆盖地面和空中的室外安防机器人，配备了深度学习算法，能够动态地躲避障碍物来识别无人看管的背包等异常物体。该系统同时具备面部识别和车牌识别系统，能够用于识别人物和车辆。O-R3 机器人的无人机能够巡视 100m 范围，能够实现全天候的监控，从而减少对人类安保人员的需求。当机器人处于低电状态的时候能够自动到达就近的充电桩进行充电。O-R3 机器人的所有警报都会发送给控制中心，而人类团队将会监控这些数据甚至在有必要的时候完全接管 O-R3[45]。

图 4-41　安防机器人系列

图 4-42　O-R3 机器人

韩国京畿大学的 Lee Baik-Chu 教授团队所研发设计的 Robo-Guard 安防机器人(见图 4-43)应用于韩国浦项市东边的一家监狱。该机器人拥有 1.5m 左右的高度，四轮驱动，具有多个摄像头和其他传感器，可协同守卫狱警检测犯人具有潜在危险的异常举动，如暴力或者自杀行为等[45]。

图 4-43　Robo-Guard 安防机器人

4.6.2.2　国内研究现状

国防科学技术大学联手万为智能机器人技术有限公司研发的集安防和服务于一体的安防巡逻机器人“AnBot”(如图 4-44 所示)，已经在国防科学技术大学营区、长沙市博物馆、中国工商银行银河支行、深圳宝安机场等场所试用，并以其出色表现获得用户一致好评。该机器人高 1.49m、重 78kg、腰围直径 0.8m、巡逻时速 1km/h、最大行走速度 18km/h、续航时间达 8h，电量不足时可自主寻找附近充电桩进行自主充电。综合了 UWB 无线定位技术、激光雷达 SLAM 技术、视觉定位技术、多传感器融合技术、运动控制模型与驱动、人工智能主控大脑、自组织网络以及智能视频分析与学习等先进技术，具有自主巡逻、智能监控探测、遥控制暴、声光报警、身份识别、自主充电等多种功能[45]。

图 4-44　安防巡逻机器人“AnBot”

在天津滨海新区爆炸事故之后，万科建筑研究中心于 2015 年底对外发布了代号为"VX-1"(中文名称：悟空一号)的巡逻机器人，其具有无线通信、磁导航、视觉导航、车牌识别室内室外巡逻、360°全方位监控、问路引路、垃圾巡检、行人检测、热成像显示和人脸识别等多种功能，主要用于居民社区和公共场所提供安全保障[45]。悟空一号巡逻机器人系统组成如图4-45所示。

图4-45　悟空一号巡逻机器人系统组成

中智科创机器人有限公司和香港中文大学技术团队合作研发的安防巡逻机器人(见图4-46)，在国内首次提出"机器人+安保"的"动静结合"的立体化安防理念，目前已应用到华为坂田工业园等场景。机器人可沿预先设定好的路径自主行走，并在指定的地点停留执行查看、检测等任务，数据自动上传后台管理云平台归档和分析，在发现异常时及时自动报警，无须人工干涉；搭载360°全景高清红外一体夜视云台摄像机，可在复杂环境下提供监控画面，搭载拾音器可收集现场声音，供后台监控人员参考；搭载多种气体传感器等实时监控空气质量；集成模

图4-46　安防巡逻机器人

式识别算法及人工智能，实现人脸识别、车牌识别、异常声音分析、行为分析等智能分析软件；支持声光报警、一键 SOS 报警、双向语音对讲、前后台互动等。该安保服务机器人，除了具有多数同类机器人的安防功能外，还增加了语音交互、自主打印等服务机器人的功能[45]。

4.6.3 油罐清洗机器人

油罐在长期储存油品特别是原油的过程中，油品中的高熔点蜡、沥青质、胶质及其夹带的部分杂质成分，如沙粒、泥土、重金属盐等，因密度差会与水一起沉降积聚在油罐底部，形成又黑又稠的胶状物质层，即油罐底泥。油罐底泥含有苯系物、酚类等恶臭有毒物质，成分十分复杂，不能直接排放。其数量一般高达储罐容量的1%~2%。油罐底泥一般含水率高、含油量大且含有害物质，其组成大致可以分为水、乳化油或吸附油、固体异物、无机盐等。油罐底泥区别于其他油泥的最大特征是其碳氢化合物(油)含量极高。在储存油品的过程中，罐底及内壁随时间推移会附着许多污垢，若不及时清除，将加速油罐底板及内壁腐蚀，降低油罐的使用寿命。储油罐由于其自身特性而形成大量油泥，势必对罐内的油品质量、储罐的有效容积等造成一定影响，因此，储油罐特别是大型储油罐的清洗处理问题日益突出[46]。

我国石化行业一般规定成品油储罐每 3~5 年应清洗检修一次，因此，需要定期对沉积在罐内的油泥进行清理和回收。储油罐清洗技术先后经历了人工清洗和机械清洗阶段，随着人们对储油罐清洗作业安全、效率、成本、环保要求的不断提高，储罐清洗机器人技术作为一种不需要人员进罐的清洗技术得到了国内外越来越多的关注[47]。

油罐清洗机器人是特种机器人的一种，用于代替人工对油罐进行清洗维护工作。为实现安全清洗作业，油罐清洗机器人必须具备三个基本功能：安全检测功能、移动功能和清洗功能[48]。

4.6.3.1 油罐清洗机器人移动机构

油罐清洗机器人(见图 4-47)按移动机构的形式可以分为吸附式、车轮式和履带式[47]。

图 4-47 油罐清洗机器人

吸附式移动机构机器人的优点在于能在罐壁行走，适应地形能力强，还可兼备油罐检测、维修、喷漆的功能，是一种多用途机器人。但由于吸附式机器人不能承受较大的负载，故其清洗能力较弱，对于清洗作业量主要集中于浮盘和罐底之间区域的内浮顶罐来说，吸附式机器人清洗效率较低[47]，例如圣瑞机器人公司开发的 HBY 超高压水清洗机器人。

车轮式移动机构(见图 4-48)具有高度的运动灵活性和高效率的特点。车轮式移动机构其越障能力和地形适应能力差、转弯效率低，所以较多使用于底泥较薄的汽油与煤油油罐，不适合在底泥较厚的柴油与原油油罐中使用[47]。例如中国石油大学(北京)开发的污水沉降罐在线清洗装置。

履带式移动机构(见图 4-49)是目前使用最普遍的移动结构，其越障能力、地形适应能力强，可原地转弯，能适应各种类型的油罐[47]。例如美国 Offshore Cleaning Systems 公司开发的 Industrobot H5 清洗机器人。

图 4-48　车轮式移动机构

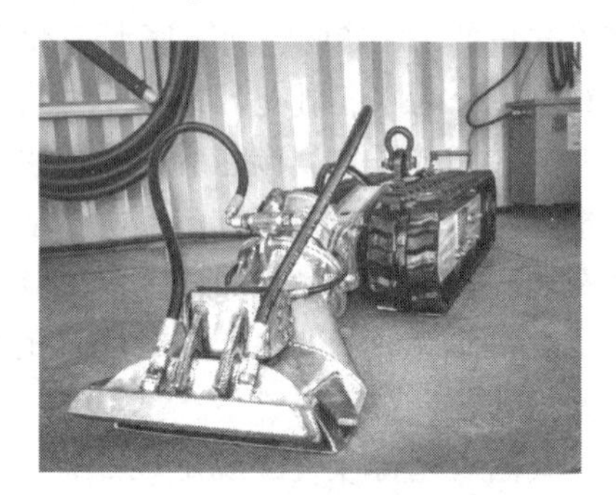

图 4-49　履带式移动机构

4.6.3.2　油罐清洗机器人进罐结构

对于目前主流的履带式油罐清洗机器人(见图 4-50)，其本体结构大多采用了组装式和变形式两种。组装式机器人往往体积大、质量大，机器人需要在罐外拆分后通过人孔运入罐内，最后派遣技术熟练的工人进入罐内完成组装。拉格比 Hydrovac 工业和石油服务有限公司开发了一种称为水利推土机(Hydraulic bulldozer)的罐内底泥清洗履带式小车，小车由推土挡板、机械吊桶和带压喷射清洗头组成，采用液压驱动能够方便地拆解成不同部分，进入油罐内进行组装[47]。

图 4-50　油罐清洗机器人进罐结构

国内邓三鹏等研究员设计了一种油罐油泥清理机器人系统，如图 4-51 所示，其机械结构由左履带、右履带、推铲、主体和云台五个模块组成，分体模块均可以通过罐壁人孔运入罐内，这种模块化设计解决了机器人的进罐问题。组装式机器人需要借助外部动力才能将

各个部件运送到储油罐内部，人员进罐组装时需要做好安全防护，不仅耗时、耗力而且存在着安全隐患[47]。

图 4-51　变形式机器人

变形式机器人通过改变形状以减小径向包络圆直径，在收缩形态下依靠自身动力，通过罐壁人孔进入储油罐内部，随后伸展至展开形态进行清洗作业。英国 NESL 公司开发的 ROV 清洗小车，由液压驱动，通过位于底部和前部的两个液压油缸驱动连杆机构来分别改变底盘轨距和抬放喷头支架，进而实现形态变化[47]。

美国 Landary 服务公司开发的折叠式自动进罐小车，通过一个液压油缸驱动连杆机构能同时改变履带底盘的轨距和喷头的位置。变形式机器人机械结构、液压系统和控制系统较为复杂，但是可以真正意义上实现非人员进罐清洗作业，有利于实现自动化控制并提高工作效率[47]。

4.6.3.3　油罐清洗机器人清洗装置研究

清洗装置(见图 4-52)决定了机器人搭载机构的形式，根据采用的清洗工艺，常见的清洗装置可以分为三类：用于机械破碎底泥的工具、通过高压水射流流化底泥的各类喷头、用来抽吸底泥固液混合物的抽污泵。清洗机器人可以只携带一种装置，也可以携带几种装置配合使用。英国 NESL 公司研发了一种名为 Comebi Moverjet 的小车，喷头固定在云台上，可以灵活地控制水射流的方向，流化后的底泥被安装在底盘前端的吸嘴抽出[47]。

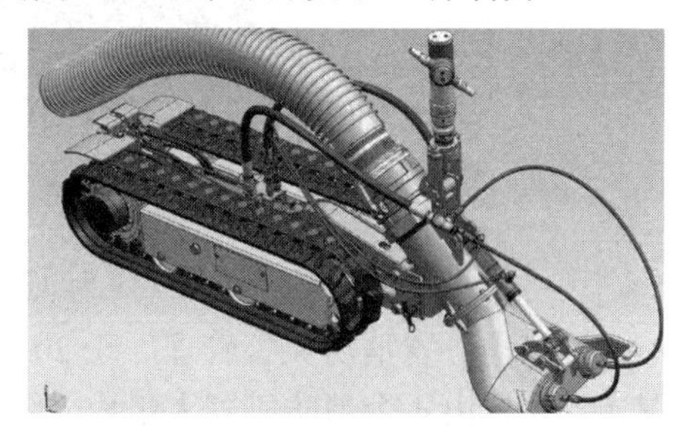

图 4-52　油罐清洗机器人清洗装置

新加坡 Enviro - Force 公司研发的 Tank Cleaning Tractor 随车携带移动抽污泵，前端安装有动力螺旋刀具，能有效打碎底泥，流化后的底泥固液混合物通过位于刀具后方的通道被泵吸到罐外进

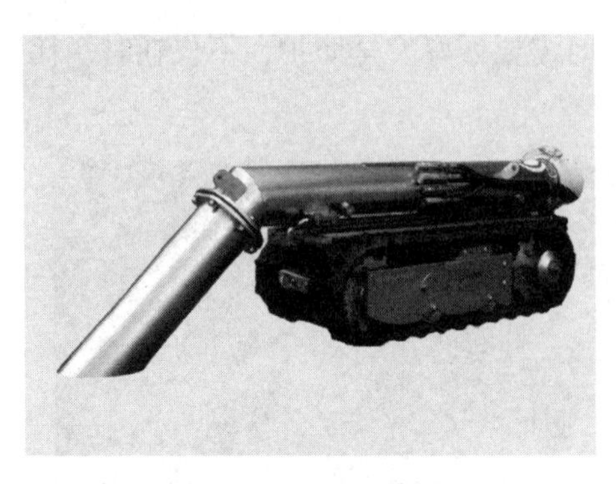

图 4-53　Lombrico 微型抽吸挖掘机

行下一步的处理[47]。

意大利 Gerotto Federico 公司研发的 Lombrico 微型抽吸挖掘机如图 4-53 所示，其由工业真空吸尘器、微型挖掘机和摄像照明设备等组成，特制的吸嘴可以对底泥边挖边吸[47]。

三种清洗装置中，喷头和抽污泵能较好地清洗成品油罐；机械破碎工具常用于底泥很厚的原油罐，而不适用于成品油罐[47]。

4.6.4　消防机器人

消防机器人是能够协助或代替人进行消防作业的机器人，单一机器人具备火场侦查、破拆、灭火、救援中的某项能力，能够通过温度、气体探测、图像感测参与救援活动。消防机器人不仅能深入火场执行灭火任务，还能准确收集火灾实时数据从而降低二次事故的可能性。消防机器人适合执行高度危险的火灾救援任务，可以有效降低救火人员风险，减小油库火灾损失和影响范围[44]。

4.6.4.1　国外研究进展

美国某公司生产的消防机器人 ThermiteRS3（见图 4-54）已于 2020 年应用到了美国洛杉矶市消防部门。该机器人每分钟可喷出 9500L 水，每次可运转 20h，能以 12.9km/h 速度行驶。其前端装有犁片，用于清除障碍物[49]。

图 4-54　消防机器人

日本内务省消防灾害管理厅于 2016 年研制了机器人消防系统 ScrumForce（见图 4-55），由 4 个消防机器人组成，包括空中监视机器人“天空之眼”、地面机器人“陆地之眼”、软管展开机器人“硬式卷筒（延伸软管）”以及“水炮”机器人[49]。

图 4-55　机器人消防系统 ScrumForce

澳大利亚联合德国、意大利于 2015 年研制了消防排烟机器人 TAF-20(见图 4-56)，配备高压水炮、高性能排烟风机，可将水和灭火泡沫雾化成微小颗粒物，有利于分散烟雾和防止有毒物质扩散，提高灭火、降温效果[49]。

美国弗吉尼亚理工大学于 2014 年研制了人形机器人 THOR(见图 4-57)，该机器人利用多模式传感器来保持其在恶劣环境中的感知能力，借助热成像技术寻找火势中心，采用机械手控制消防管道的喷射方向，能娴熟穿越复杂地形[62]。

图 4-56　消防排烟机器人 TAF-20

图 4-57　人形机器人 THOR

克罗地亚某公司于 2013 年研制了集消防水炮、机械臂及破拆机械手于一体的履带装甲破拆消防机器人 MVF-5(见图 4-58)，配备消防系统、多功能救援工具以及装甲防护片[49]。

挪威 SINTEF 研究基金会于 2008 年研制了蛇形消防机器人 Anna · Konda，如图 4-59 所示，该机器人长 3m，质量 70kg，依靠内部安装水驱动的液压传动装置可精确调整位姿，能以视觉系统进行导航，可迅速穿过倒塌建筑物的狭窄缝隙，到达指定位置进行灭火作业[49]。

图 4-58 履带装甲破拆消防机器人 MVF-5

图 4-59 蛇形消防机器人 Anna · Konda

德国马格德堡-施滕达尔大学于 2008 年提出一种概念消防机器人 OLE，如图 4-60 所示，该机器人外形像甲虫，有 6 条腿，能通过 GPS 导航、红外及热量传感器检测火源并快速爬动，配备水箱及灭火器[49]。

图 4-60 概念消防机器人 OLE

4.6.4.2 国内研究进展

国内消防机器人的研究从 20 世纪 90 年代开始，随着 2015 年印发的《中国制造 2025》，我国消防机器人产业迎来新机遇。2016 年工信部、发改委、财政部等三部委联合印发《机器人产业发展规划（2016—2020 年）》，消防救援机器人被列为服务机器人领域重大标志性率先突破的产品之一。2018 年我国工业机器人市场规模约占全球市场份额的三分之一。2019 年北京市经济和信息化局印发《北京市机器人产业创新发展行动方案（2019—2022 年）》，提出推动北京机器人产业高质量发展的“5432”思路和路径，“5”是培育形成以特种机器人等四大整机加关键零部件为主导的发展格局，其中特种机器人领域含灭火、排烟、侦查消防机器人等。中信重工开诚智能装备有限公司研制了防爆消防侦查机器人 RXB-MC80BD（见图 4-61），采用履带式移动载体，由机器人本体和控制箱组成，尤其适用于石化、燃气等易爆环境；还研制了消防灭火无人机 XFMH-1001，可执行空中消防灭火、侦查等任务，尤其适用于高层建筑灭火等场景[49]。

图 4-61 防爆消防侦查机器人 RXB-MC80BD

北京凌天智能装备集团有限公司研制了消防干粉灭火机器人 RXR-M30D(见图 4-62)，通过喷射粉剂进行灭火等作业；还研制了消防智能细水雾灭火机器人 RXR-Q100D，搭载高压细水雾枪，可进行表面冷却、窒息、冲击乳化、稀释火源以及阻隔热辐射及洗涤烟雾、废气[49]。

图 4-62 消防干粉灭火机器人 RXR-M30D

上海格拉曼国际消防装备有限公司研制了消防救援灭火机器人(急先锋)，如图 4-63 所示，该机器人配备 5 自由度机械手，可抓举 200kg 重物，抓取直径达 950mm，用于搬运油桶及其他危险物等，且可快速换装破碎锤用于破拆[49]。

图 4-63 消防救援灭火机器人(急先锋)

应急管理部上海消防研究所研制的消防灭火机器人(见图 4-64)已服役于全国 20 多个省

市的消防救援队伍，该型灭火机器人2008年获得国家科学技术进步奖二等奖；另外，该所研制的排烟机器人获第十五届中国专利优秀奖[49]。

图4-64　消防灭火机器人

4.6.4.3　消防机器人关键技术

（1）移动载体及控制技术

消防机器人现有的移动载体有轮式、履带式、多足式、类人式、蛇形式等。轮式移动载体机器人速度高、稳定性好，在城市及平坦开阔地域具有较明显优势，但越障能力较差；履带式移动机器人载体爬坡、越障、跨沟能力强，有很好的地形适应能力，缺点是重量较大，耗能较高；多足式移动载体机器人借鉴了自然界爬行类动物经过不断进化形成良好的运动机制（平稳性、协调性、柔顺性）及感知的能力，可在不平地域以稳定方式步行，以非接触方式规避障碍，也可用跨步方式跨越粗糙地面或跳跃、翻越障碍；类人式移动载体机器人采用双足行走，是自动化程度最高、最为复杂的动态系统，具有良好的主动隔震功能，可较轻松地通过松软地面，但还需解决稳定性的问题，提高速度；蛇行式移动载体机器人具有多步态运动能力，结构紧密、集成化高，能灵活避开障碍物，可在凹凸不平、松软或狭小弯曲的地方运动并保持稳定，可通过机构内部的变形来获得动力，不需额外的动力系统。

除此之外，消防机器人在运行过程中需要通过传感器识别周围环境的信息，准确检测火源的位置，规划自己的运动路径，并实现与控制中心的实时通信。目前，远程遥控消防机器人仍被广泛使用。消防员在安全区域手持遥控装置，通过机器人传感器的实时反馈进行分析、指挥和操作。机器人还不具备自主决策的能力，需要人员配合操作[49]。

（2）机载设备

机载设备的性能直接影响消防灭火救援的效率。常见的几种机载设备及作业功能见表4-2[49]。

表 4-2 消防机器人机载设备及作业功能

消防机器人	机载设备	作业功能
灭火	消防炮	喷射灭火剂扑救火灾
排烟	排烟风机	排烟、送风
侦查	探测器	采集灾害现场的实时信息，并向后方控制台实时传输
救援	机械手	人员或重要物品转运、输送、阀门启闭、破拆

（3）驱动方式

消防机器人移动载体的驱动方式主要有油动、电动两种。从整机设计考虑，与油动式相比，电动式消防机器人安装空间小，质量轻，且便于机体防爆设计。从实际应用考虑，油动式机器人的能源耗尽，可通过加油方式补给，容易实现；电动式机器人若电量耗尽，需要更换电池，而现有产品无方便更换电池的装置，无法快速、及时更换电池，影响工作效率[49]。

消防机器人执行机构驱动方式则主要有液动、气动和电动 3 种。电动式控制方便，效率高，控制精度高，但其驱动装置结构较复杂；液动式结构紧凑，体积小，质量轻，能满足大转矩、低速扭矩作业，使执行构件平稳运动，但其控制精度易受到温度变化的影响；气动式节能环保，易于操作、维修，但其控制精度较低[49]。

扫一扫获取更多资源

5.1 大型石化设备腐蚀缺陷在线检测爬壁机器人/巡检机器人

近年来，我国在大型装备制造业上已跻身世界前列，成为装备制造业大国。作为工业的心脏和国民经济的生命线，装备安全将直接影响国民生产生活的质量。大型石化装置(如国家原油战略储备库、千万吨级炼油塔)是国家能源产业中的核心装备，必须确保装置的安全运行。但大型石化装置内多是高压、高硫、高腐蚀性的生产介质，长期在恶劣工况下超负荷运行，其内外壁面极易产生凹陷、裂缝、孔洞等缺陷，如果对缺陷发现不及时或处置不当，还将引发设备爆炸、人员伤亡的重大安全事故。因此，为确保大型石化装备和操作人员的安全，必须定期对其进行无损检测，及时获取缺陷信息，并基于缺陷信息对装备进行安全性评判和预警，防范事故发生。

受目前缺陷检测技术的局限，现行的大型装备定期检验多在设备停运后，依靠人工携带无损探伤设备在高空完成缺陷检测作业。设备停运必然会造成企业经济损失，同时人工高空作业存在作业人员工作条件恶劣、工作量大、人身安全隐患大等诸多问题。目前的人工检测主要采用传统的超声检测法进行检测，这种检测方式需要在被检面与超声探头间涂抹液体耦合剂，液体耦合剂的使用增加了输水管、耦合水靴等附加设备，容易造成被检表面的污染，不利于实现大型设备的脱缆检测。目前国内尚无超声干耦合检测装置，国外采用全自动检测爬壁机器人代替人工对储罐进行在役在线检测。

超声干耦合检测爬壁机器人，能在装备不停运的情况下，沿壁面自主爬行，同时利用机器人携带的干耦合超声探头，完成对罐壁缺陷的无损检测，实现大型设备全自动化智能检测，既能有效解决人工检测的难题，同时检测精度、稳定性能得到大幅提高。爬壁机器人由吸附调节系统、运动感知系统、运动控制系统、缺陷检测系统与主控制系统共 5 个系统组成。吸附调节系统为可变永磁吸附结构，实现机器人在壁面的稳定吸附；运动感知系统用于感知机器人在壁面运动时的位姿信息和外部环境信息；运动控制系统控制机器人在壁面的位姿和运动状态；缺陷检测系统通过自主研发的超声波干耦合技术实现壁面缺陷检测；主控制系统在协调控制上述系统的同时，实现缺陷的模式识别和实时显示。

该机器人的研发攻克了 4 项关键技术，包括超声干耦合检测技术、超声干耦合信号模式识别技术、未知地图全遍历路径规划、基于多传感器的机器人控制技术。

超声干耦合技术采用不需要携带大量液体耦合剂的干耦合检测方法，设计了轮式超声波干耦合换能器，通过研究固体耦合材料的声传播特性，压力、界面粗糙度对信号的影响关系，使轮式探头与被检面达到良好的声耦合效果，实现干耦合状态下的自动化检测，该技术从理论研究到实验技术均为自主创新，技术水平达到国际领先；超声干耦合信号模式识别技术在实验壁面上人工建立多特征、可比较的大量标准缺陷库，将研制的爬壁机器人样机在壁面进行缺陷超声干耦合信号采集实验，研究多类多维特征提取新方法，并通过证据理论进行融合，实现了腐蚀缺陷超声干耦合信号的高精度识别；未知地图全遍历路径规划技术针对大型储罐壁面结构复杂、特异性障碍物多等特点，建立栅格化地图环境模型，并通过基于滚动窗口的启发式路径规划算法，实现了机器人在未知储罐外壁环境下的高效全遍历；基于多传感器的机器人控制技术通过各类传感器的运用，保证机器人实时掌握自身位姿和周围环境状况，实现爬壁机器人在壁面定位、避障越障和滑移修正等运动的精确控制[51]。

5.2 高温炉前机器人

炉前作业高温机器人为战略性新产品。石油炼制出炉前温度达到 1600～2000℃，人工作业危险极大，伤眼、灼烫、机械伤害、物体打击、触电等伤人事故时有发生。而高温炉前作业机器人，可完全替代人工，并提高生产效率。炉前作业机器人在智能化的控制系统及人机交互式遥控操作系统指挥下，具备精确的自动定位和轨迹规划功能，实现操作工具的全自动、精确、稳定可靠地抓取与更换。所配备的自动化操作工具及辅助系统，能够有效提高工具的使用效率。炉前作业机器人对石化生产企业节约降耗、提高生产效率、安全生产意义重大。

通过示范应用，炉前作业机器人能够将出炉操作人员从炉前操作温度高、体力消耗大、安全风险高的作业现状中解放出来。炉前作业机器人显著降低了工人的劳动强度及人工成本，提高了出炉操作的效率和精准度，有效避免了人员接触高温、粉尘等职业病致害因素，降低了出炉过程异常情况发生的风险。炉前作业机器人是高端工业机器人领域的重大产品创新，开创了国内石化生产企业出炉自动化、智能化的先例，对带动传统石化行业技术革命意义深远[52]。

5.3　无接触液体取样机器人

自动识别样品二维码、开盖，到转移、放置、回收，炼油厂工作人员在电脑中录入数据后，无接触液体取样机器人便自如地来回在操作平台上取样。而机器人完成这一系列步骤，仅用了两分钟。化验前要做好全套防护，才能保证不吸入挥发性的有毒气体，现在使用机器人无接触取样，只需设置好数据，就可以等待分析结果了，既安全又高效。针对分析化验职业卫生防护、分析效率提升等难点问题，镇海炼化自主研发无接触液体取样机器人，目前投用后实现色谱专业样品转移的全自动化，这在中国石化系统内尚属首次，填补了该领域的技术空白。目前，这一台无接触液体取样机器人被应用于实验室四台色谱仪。其结构如图 5-1 所示。

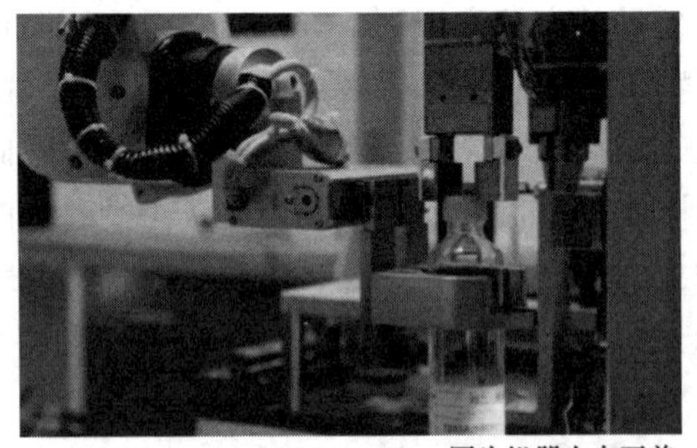

图为机器人在开盖

图 5-1　无接触液体取样机器人

扫一扫获取更多资源

总结

人工智能时代的来临，冲击各行业向着智能化方向的发展，智能机器人的产生也正在助力多种行业的进步。在工业发达国家，工业机器人经历近半个世纪的迅速发展，其技术日趋成熟，在汽车行业、机械加工行业、电子电气行业、橡胶及塑料行业、食品行业、物流、制造业、石油行业等诸多工业领域得到广泛的应用。工业机器人作为先进制造业中不可替代的重要装备和手段，已成为衡量一个国家制造业水平和科技水平的重要标志。

目前，石油行业的蓬勃发展，正一步步向着智能化方向前进，这对智能机器人的需求无疑是巨大的，同时，智能机器人的多功能性、多方向性在一定程度上也推动了石油石化行业跨上一个新台阶。在石油天然气的勘探、开采、运输、贮藏等生产过程中，存在着很多高危职业，中国石油、中国石化以及中国海油均有着对于高危职业的诸多分类。在这些职业中，往往伴有着终身残疾或死亡的工作风险。在过去智能行业以及机器人行业不发达的情况下，这些职业每年都消耗着大量从业者的健康与生命，但随着石油产业的发展，其中的部分高危职业已然被更加完整化、系统化的石油机械取代。而在智能行业和机器人行业蓬勃发展的今天，使更多的高危职业有了被机械取代的可能，也使更多的宝贵生产力有了解放的可能。例如巡检机器人、安防机器人、清洗机器人、消防机器人等，都使从业人员的宝贵生命得到了极大的安全保障。

在技术方法匮乏的过去，对于石油气生产系统的检测与维护需求存在着技术上的难题。由于没有恰当的技术，对于深藏地下、水下的油气运输管道，或是开采过程中的水平井管道，都无法有着短周期且准确的检测方法。检测方法的缺失意味着高的失效风险。而石油天然气的生产中常常伴随着超高压的问题，一旦失效将会造成整个系统的宕机，且整个石油气生产系统在短时间内难以维护。但随着智能行业以及机器人行业的发展，这一问题得到了有效的解决。有着各式各样检测方法的管道机器人，能够进入非常规的工作环境并且系统化地检测管道的状况且实时上传。这意味着石油天然气行业的检测维护周期大大变短，失效风险也大大地降低。

在勘探过程中，有了机器人的帮助，也能够更快更准确地找到石油气贮藏点、探明油气藏结构，这为后续的钻井和开采过程带来了充足的先决信息，大大降低了生产过程中的风险。而在石油生产的炼化环节中，各式各样的石油产品有着不同的温度、压力需求，这使得生产环境不仅有着高压的需求，也有着高温的需求。这样的环境有着更大的安全风险，其失效往往也意味着整个生产系统的报废。同样地，能够在高温高压环境中工作的智能机器人的出现，也极大地缩短了检测维护的周期，降低了失效的风险。

总的看来，无论是国内还是国外，石油天然气产业的机器人都有了形形色色的发展与创新。随着全球性的技术流动，无疑会推动石油天然气产业的智能化发展，这使得更深处的油气藏能够被勘探到了，在海底难以开采的油气藏能够被采集了，有着开采风险的油气藏能够被安全地开采了，等等。

扫一扫获取更多资源

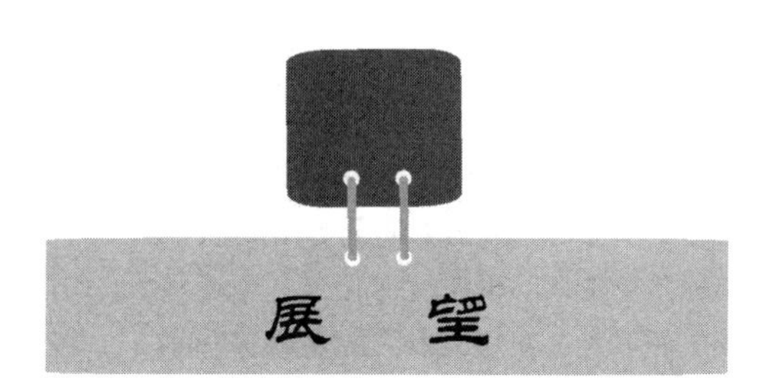

展望

目前，在石油领域应用的机器人有的已经有几十年的发展史，有的近几年才迅速发展。智能机器人进军石油行业，代替部分人类活动是必然的趋势。

要在全球能源领域占据主导地位，就必须打破传统的固有思维模式和市场秩序，重塑市场规律，推进清洁化、高效化、低碳化的能源转型。新型机器人技术给传统能源企业带来的不仅仅是机遇，同时还带来巨大的挑战。面对新型技术带来的挑战，必须打破传统的思维模式，在进行能源开采的同时，必须做好环境和人员保护工作。

未来，智能机器人将会越来越多地进入石油勘探相关岗位，重复率高的岗位、高危的岗位、人类无法到达的地方完全可能被机器人代替。机器人可以替代人类进入高温、极寒、海洋、沼泽等不适合人类进入的环境，完成工作强度大、单一重复性高等各种类型的工作。机器人替代人类不仅使石油工人摆脱了重复性高且枯燥无味的工作，还在更大程度上保证了石油工人的安全。

可以预见，随着石油企业和机器人企业不断融合，共同开发针对简单重复性的、具有自主性和复杂环境适应性的机器人已成为可能，可以通过软件的重新植入定义新的机器人功能，通过批量生产通用机器人来降低机器人的价格。通过企业联合培养机器人实用人才，培育机器人应用的人才梯队，在不久的将来，必将迎来机器人在石油行业应用的春天。

国际上的一些先进科技公司已经在机器人的研发生产领域积累了丰富的经验和技术。由于我国机器人的研究起步相对较晚，因此国内的机器人只能占据中低端市场，高精尖技术有待突破。为此，我国应在多方不同层级促进机器人行业健康而迅猛地发展。从国家层面，要重点关注技术与产业的深度融合，建立国家专项科研实验基地；从行业领域层面，要重点构建机器人学习所需的大数据库，保障大数据行业基础，推动机器人与能源行业油气领域深度融合创新；从企业层面，要关注鼓励我国领先企业将成熟经验推广，大力提升企业核心能力，加强与互联网等创新基因强大的相关企业的战略合作。未来，我们即将迎来机器人应用的辉煌时代。

参 考 文 献

[1] 徐晓兰．中国机器人产业战略研究及西部发展机遇[J]．中国发展，2015，15(5)：61-65.

[2] 蒋新松．机器人的历史发展及社会影响评价[J]．中国科学院院刊，1986(3)：218-222.

[3] 高峰，郭为忠．中国机器人的发展战略思考[J]．机械工程学报，2016，52(7)：1-5.

[4] 李海辉．我国工业机器人的应用及发展方向分析[J]．科学与信息化，2021，(3)：112.

[5] 张金辉．人工智能给养猪业带来的机遇与挑战[J]．猪业科学，2019，36(1)：142-143.

[6] 张旭光．我国海洋油气领域人工智能机器人的发展与思考[J]．信息系统工程，2019(5)：159-160.

[7] 金涛．智能轨道式巡检机器人在海洋石油平台首次应用研究[J]．化工设计通讯，2020，46(11)：24-25，36.

[8] 曹文辉，李敏，吕仲光，等．管束环境下特种机器人研究与应用现状[J]．石油化工设备，2011，40(6)：55-59.

[9] 王捷力，孙涛，于昕冬，等．纳米机器人技术在储层敏感性研究中的应用[J]．石化技术，2018，25(8)：261.

[10] 尹铁，赵弘，张倩，等．长输油气管道焊接机器人的技术现状与发展趋势[J]．石油科学通报，2021，6(1)：145-157.

[11] 葛修润，侯明勋. 三维地应力 BWSRM 测量新方法及其测井机器人在重大工程中的应用[J]．岩石力学与工程学报，2011，30(11)：2161-2180.

[12] 刘合，金旭，丁彬．纳米技术在石油勘探开发领域的应用[J]．石油勘探与开发，2016，43(6)：1014-1021.

[13] 黄明泉，徐景平，施林炜．ROV 在海洋油气田开发中的应用及展望[J]．海洋地质前沿，2021，37(2)：77-84.

[14] 本刊综合．潜龙三号：外形呆萌本领大[J]．发明与创新：大科技，2018(5)：23.

[15] 任峰，张莹，张丽婷，等．“海龙Ⅲ”号 ROV 系统深海试验与应用研究[J]．海洋技术学报，2019，38(2)：30-35.

[16] 柴麟，张凯，刘宝林，等．自动垂直钻井工具分类及发展现状[J]．石油机械，2020，48(1)：1-11.

[17] 王凌寒，肖文生，杨铁普．自动化管子处理装置在海洋钻井作业中的应用[J]．石油矿场机械，2009，38(2)：67-72.

[18] 李倩，赵宏杰. 油田井口作业机器人系统的设计与实现[J]．装备制造技术，2018(11)：14-17.

[19] 潘随东. 试论石油开采技术及油田注水[J]．当代化工研究，2018(7)：70-71.

[20] 朱桂清，马连山. 油藏纳米传感器的研发备受关注[J]．测井技术，2012，36(6)：547-550.

[21] 涂学万，吴飞，胡放军. 巡检机器人在华庆油田的研究与应用[J]．中国石油和化工标准与质量，2021，41(20)：96-98.

[22] 刘清友. 油气管道机器人技术现状及发展趋势[J]. 西华大学学报：自然科学版，2016，35(1)：1-6.

[23] Schempf H , Vradis G. Explorer: Untethered Real-Time Gas Main Assessment Robot System [C]//20th International Symposium on Automation and Robotics in Construction. 2003.

[24] Burkett S, Schempf H. Exploer-Ⅱ: Wireless Self-powered Visual Robotic Inspection System for Live Gas Distribution Mains, DOE Award No. DE-FC26-04NT-42264[R]. Pittsburgh: Carnegie MellonUniversity, 2008.

[25] INSPECTOR SYSTEMS company[EB/OL]. [2015-02-08]. http://www. inspector-system/marko_ plus. html.

[26] 唐德威，李庆凯，姜生元，等．三轴差速式管道机器人过弯管时的差速特性及拖动力分析[J]. 机器人，2010，32(1)：91-96.

[27] Kwon Y S, Yi B J. Development of a Pipeline Inspection Robot System with Diameter of 40mm to 70mm (Tbot - 40) [C]//Mechatronics and Automation (ICMA), 2010 International Conference on. Xi'an: IEEE, 2010: 258.

[28] SmarTract Robotic Downhole Tractor[EB/OL]. [2015-09-25]. http://smartcompletions. ca/index. php/product-and-services/smartract-downhole-tractor-2. html.

[29] Omega Tractors[EB/OL]. [2015-09-25]. http://www. omega-completion. com/tractor. html.

[30] 刘清友，李雨佳，任涛，等．主动螺旋驱动式管道机器人[J]. 机器人，2014，36(6)：711-718.

[31] Hayashi I, Iwatsuki N, Iwashina S. The Running Characteristics of a Screw-principle Microrobot in a Small Bent Pipe[C]//MicroMachine and Human Science, 1995, MHS'95 Proceedings of the SixthInternational Symposium on. Nagoya: IEEE, 1995: 225.

[32] Li P, Ma S, Li B, et al. Design of a Mobile Mechanism Possessing Driving Ability and Detecting Function for In-pipe Inspection[C]//Robotics and tomation, 2008. IEEE International Conference on. Pasadena, CA: IEEE, 2008: 3992-3997.

[33] 李鹏，马根书，李斌，等. 具有轴向和周向探查功能的螺旋驱动管内机器人[J]. 机械工程学报，2010，46(21)：19-28.

[34] Ren Tao, Yonghua Chen, Liu Qingyou. A helical drive in-pipe robot based on compound planetary gearing[J]. Advanced Robotics, 2014, 28(17): 16-19.

[35] Yonghua Chen, Qingyou Liu, Tao Ren. A simple and novel helical drive in-pipe robot [J]. Robotica, 2014, 33(4): 12-16.

[36] 马国. 油气管道内检测技术现状及发展趋势[J]. 石油化工安全环保技术，2021，37(3)：26-29，6.

[37] 贾仕豪，赵弘．油气管道内退磁检测机器人结构设计[J]. 石油机械，2020，48(8)：117-122.

[38] 王兵. 基于超声波的油气管道缺陷智能检测机器人设计[J]. 现代计算机：专业版，2018(28)：68-70.

[39] 张星，陈逸，王立学，等. 油气行业智能巡检机器人应用现状综述[J]. 中国设备工程，2021(23)：47-49.

[40] 王国彤，孙秉才，储胜利，等. 炼化企业智能机器人巡检技术应用前景分析[J]. 炼油技术与工程，2019，49(9)：35-38.

[41] 倪桂才，高芹忠，赵文芳. 石油污染对海洋生态环境的影响与防治对策[J]. 安全、健康和环境，2005(12)：14-15.

[42] 刘航. 加州大学研究者开发仿生浮游机器人，有望在水面处理污染物[EB/OL]. https://www.thepaper.cn/newsDetail_forward_15660103.2021-12-02.

[43] 湖南大学设计艺术学院. “游来油去”：意大利“科技创新奖”可持续设计类产品一等奖[EB/OL]. http://dolcn. com/data/cns_1/gallery_41/awards_412/aind_4121/2012-04/1335598693.html.2012-04-28.

[44] 刘瑾洲，马振利，张飚. 军队油库机器人应用[J]. 指挥控制与仿真，2019，41(5)：126-130.

[45] 葛耿育. 安防巡逻机器人研究综述[J]. 电脑知识与技术，2018，14(12)：178-179，182.

[46] 周利坤. 油罐底泥清洗技术研究现状与展望[J]. 油气储运，2013，32(3)：229-235.

[47] 郑霄峰，代峰燕，李冬冬，等. 内浮顶储油罐清洗机器人研究现状与发展[J]. 油气田地面工程，2015，34(10)：4-7，14.

[48] 谢阶齐，周利坤. 油罐底泥清洗机器人本体设计研究现状与展望[J]. 机械研究与应用，2012，25(3)：5-6，9.

[49] 黄小龙，郭一冉，高阳臻，等. 消防机器人研究进展与分析[J]. 消防科学与技术，2021，40(10)：1501-1504.

[50] 郭依宁. 石油炼制技术措施[J]. 魅力中国，2020(19)：346-347.

[51] 张吉丽，王静，甄静，等. 超声波无损检测爬壁机器人的设计研究[J]. 大学科普，2015，9(1)：36-37.

[52] 哈尔滨博实自动化股份有限公司. 一种高温炉前作业设备：CN201721246966. 9[P]. 2018-04-13.